U0037996

李欣頻的
寫作之道

李欣頻 —— 著

目錄

第三階段 如何寫時令節慶、品牌形象、商品包裝、公益與活動文案

第四階段 實操熟練各類型的文案文體

從19歲一路駛到49歲的
李欣頻寫作之道

　　這本《李欣頻的寫作之道》足足晚產了近 30 年——自從我在 1989 年開始寫人生第一篇〈中興百貨 520 特賣〉[註1]文案之後，一直到 1998 年出版了《誠品副作用》文案作品集，經過無數次再版與改版後，增修為《廣告副作用》的商業篇、藝文篇。這段期間有很多家出版社希望我能寫一本「如何寫文案、如何寫作」的書，我一直沒答應，因為我很不喜歡「教科書」，我認為寫文案就如同寫詩一樣，沒法教人的，就像一朵花沒法寫一本「如何開花」的書。

　　後來因為這本《誠品副作用》讓我順利考進政大廣告碩士班，同時在中原大學教授文案創意課，之後也以這作品順利通過北京大學新聞與傳播學院的博士班入學口試，並同時教授大學部與研修班的文案課，於是我從討厭教科書的學生角色，轉變成必須寫教科書的老師身分。2018 年進而在大陸非常知名的喜馬拉雅網路課平台上錄製文案課，就在我開開心心錄完

了 100 堂初稿音檔後，就決定要把這些音檔整理成文字、變成書——我不知不覺把我不喜歡的事，以開心順流的方式完成了，於是這本《李欣頻的寫作之道》就在 2019 年 6 月竣工，送到你面前的這一天，就是正式通車時間！

在 49 歲時回顧 1989 年 19 歲寫的第一篇文案〈中興百貨 520 特賣〉，也同時回顧 1998 年寫的第一本書《誠品副作用》，懵懵懂懂、跌跌撞撞地走到了現在才發現，這一切都是生命藍圖早就安排好的路。感謝當年每一位即時指點我的貴人，我將這份感謝化為分享自己 30 年心路歷程的 14 堂課，願我也成為你通往找到自己天命之道的一盞路燈！

註1：〈中興百貨520特賣〉文案收錄進《廣告副作用（商業篇、藝文篇）》，暖暖出版社。

　　以下這 14 堂課，是從我的寫作起點「文案」開始分享起。在龐大的寫作類別中，廣告文案是最接近商業的項目之一（還有電影、歌詞等），也是一個喜歡文學創作者可以快速跨界且活得好的生存技巧，就如同世界知名文案人 Steve 說過：「廣告文案是這個世界上，能夠讓你過著藝術家的生活，卻能夠拿著外匯操作員薪水的工作。」我的確在廣告文案上得到相當豐沃的收入，加上我選擇「自由接案」的方式不隸屬於任何一家公司，讓我用最少的時間賺到足夠的生活費、旅遊近六十國的旅行基金、一個安心棲身寫作的房子……我享受寫文案的快樂過程不亞於寫詩寫散文，完全沒有「辛苦工作」的痛苦，最重要的是，我在寫文案之外的百分之九十五時間拿來過自己想要的生活：看電影、看書、看藝術表演、旅行……文案是我多元創作中 CP 值最高的項目。

　　如果你喜歡寫作、喜歡表達自己獨特的觀點，理當應該可以寫文案，就像是多一個分身幫你賺錢養家謀生活。以下我以 14 堂課把創意文案靈感私釀法、心腦影像自動生成系統與文案手臂鍛鍊……等方法整理出來給大家，建議你們可以《廣告副作用：藝文篇、商業篇》做為參考來對照閱讀！

如何建立優質的
文案「寫／血」統？

經常有人問我：寫文案是否需要天賦？會寫文案是天生的還
是可以後天培養？我在《14 堂人生創意課 3：50 個問答與筆
記本圓夢學》的〈第二問：創意是天生的嗎？〉中已充分回
答了這個問題。

依照我的經驗領悟是：每個人都有寫文案、創作的能力，只
要你找到自己熱情的獨特處，就能有獨特的表達觀點與方法，
無論是透過寫的或是說的都很容易。

第一階段我以五堂課來說明：如何找到喜歡「寫」的開關？
如何建立優質文案「寫／血統」？

第一堂課

以非讀者、觀眾、消費者的角度 來看書、電影、空間 內建多元、多維度的創意感官系統

　　我在《一個知識狂的書房》文中提到自己大量買書看書，而且不丟書，為了書寫，每本書都必須重看，取其精華相互參照，我的書房，就是我的「多腦盒」。我很喜歡班傑明說過的話：「我的體內有一座圖書館的需要，甚至不惜變賣家產，不停地買書。」我自己也是，我對書有很大的興趣，只要是好書我完全不會看價錢，因為一本好書裡面的幾句話，它就能啟蒙我非常多重要的視點──我的體內也有一個圖書館的需要，我的私人圖書館依照興趣類別來做區分：自我探索、易經、塔羅、心靈、佛教、天主教、基督教、伊斯蘭教、占星與生命密碼、天文學、大腦學、正面思考、吸引力法則、時尚、飲食、文學、生死學、中醫、藏醫、阿育吠陀醫學、旅行、攝影、新詩、小說、廣告、創意、夢、網路、知識與哲學、心理學、電

影、量子物理學、宇宙時空學、語言學、愛情、性別、建築總論、歷史、電影。有一本書叫《意象地圖》，裡面提到人類在自己的洞穴壁上畫出線條，或者印上手掌紋，以表示自己在場，來填補空白地方，傳達記憶。對我來說，我的空間就是讓書的智慧、知識以及閱讀軌跡來填滿我的生活。

想要有與眾不同的創意感官系統，可以先用「非凡」的閱讀方式來培養。所謂的「非凡」就是除了「讀者」這個慣用角度之外，還可以用「作家」的角度來看世界生活，例如：你虛擬自己是作家的身分去逛書店，你就與「一位讀者」走的版本完全不同，深度也不同；就像是以不同身分進到電玩遊戲，所看到的路徑線索與環境大異其趣，你會瞬間領悟到身為一個「作家」關注的角度有哪些：你會關注書的名字、書的類別、陳列方式、封面設計與文案……包括你平常在媒體看到作家的訪談，都可以作家的角度來虛擬回答。於是你就可以對照「身為一個讀者」與「身為一個作家」維度之別，瞬間知道自己該在哪些部分補強。

此外，以自己是這本書作者的角度來看一本書，瞬間把自己置於「原作者思維與創作之流」的源頭來閱讀，往往能讀出以「讀者」角度所忽略的觀點；然後再開啟自己是另一位作家的平行身分，你就能看到這本書這位作者沒寫到的部分，這些沒寫到的觀點一旦被你看到，你就有新的書寫想法與靈感。

當你成功進入作家互聯腦，下載他們的超感官系統，你除了邊看書邊「廣泛」收集資料之外，還可以同步「深度」閱

讀，例如研究作者是怎麼用字遣詞、怎麼描述——有不少人覺得自己有想法卻表達不出來，那是因為看書看得不夠深入，若每一次都能深度地進入作家的靈魂感官系統去看書，你就能瞬間吸納他／她的思維、感知、表達、詞彙庫。如果你能運用瑣碎時間每天看一本書，以這樣既廣又深的方式看，一年下來，你就能擴增 365 位作家腦雲端。另一個好處是，當你書讀得多，閱讀速度自然就快，看書的角度越多元，就能有快速抓到關鍵點的能力，也等於幫你培養迅速瀏覽環境場中找到重要訊息的能力。

以此類推，我們再切換到廣告人的視野。因為從作家到廣告人，必須加上「市場化、商業化」另一層濾鏡的聚焦，如果你從消費者的角度換成廣告創意人、廣告客戶的角度的話，看到的世界是完全不一樣的。

比方你進到一個擺放很多東西的商店空間，如果你是一般消費者的角度，你只會看到你想要的東西；但是如果你用廣告創意策畫人的角度進來，你第一個會觀察的是：這是一個什麼樣的空間？這空間有怎樣的特色？它的文宣、視覺、設計、風格、音樂、空間動線、整體陳列、品牌定價，以及在這空間的消費者有什麼特殊處？你換一個新身分進到的每一個空間，都代表著轉換視野後另一個維度的學習。當你有了廣告創意人的感官來看所有的媒體、網路資訊、廣告、新聞，包括外在所有人、事、物、空間，你就能同步開啟很多視窗，以這樣的角度你就可以學到很多東西，每一天都是刺激你的鮮活教材。

你每天可以用至少兩種以上的身分眼光來生活，還要有一個超脫自己身分的高維度眼光，進行你原本的生活觀察並同步記錄。舉例來說，你現在準備要寫一篇書店文案，在逛書店的時候，除了剛剛提到的「作家」、「廣告創意人」、「消費者」……的角度來觀察整個書店，同時也觀察自己、觀察別人與環境，你就可以在這些視野中鎖定不同的狀態，比方這個商品、這個商場的廣告客戶、目標消費者、潛在消費者，甚至是競爭品牌的消費者、廣告客戶……當你變成他們的時候，你就會看到不一樣的脈絡與靈感，能瞬間看到這些觀察的對象是怎麼生活的？他們在看什麼媒體？關注什麼議題？平時怎麼說話？去哪些地方？做哪些事？喜歡什麼？包括他們的視力能看多大的字、他們眼睛慣性的動線，以及走路、說話的速度都是不一樣的，只要平常都這麼觀察入微，你在思考創意或文案這件事時，會用一種立體氛圍的方式在寫，能夠栩栩如生地看到你說話對象的樣子，他的表情、他的生活步調，於是你用字的節奏與語法深淺也會不同──你在跟一個活的人溝通，而不是一個沒有感覺的消費者。

　　舉個每天可以實練的例子：早上起來，你可以決定今天要成為誰，假設你要寫一篇針對 25 歲男性消費者的手機文案，那麼一個 25 歲男生早上起床，他第一件事情會做什麼？然後他一天會怎麼過？或是虛擬自己是一個 90 歲須佩戴老花眼鏡的老爺爺，起床後第一件事情會做什麼？他的一天怎麼過……很可能一個 25 歲男生早上起來第一件事不是刷牙洗臉，而是

打開他的手機看他社交平台上的留言，看有誰給他發訊息，然後一天就會繞著這個手機開始進行他的生活；如果是以一個 90 歲老爺爺身分起床，第一個動作應該不是拿手機，有可能伸手找的是老花眼鏡或假牙，所以如果要為他設計一款手機，應該要按鍵、螢幕加大，操作介面超簡單，而且音量可以調到最大……只要你能透過「虛擬附身」的方式「下載」整個檔案，就可以提升到原創發明的層次：為這類型的消費者設計哪些專屬商品與服務，你得到的全方位全息靈感，遠遠大過一篇廣告文案的需求；只要你在老爺爺的身體裡虛擬完一天的生活，你不僅能清晰地看到消費者與這商品之間的關係，也能一目了然這商品文宣應該放在哪些地方、該用什麼口吻與主題跟他們互動交流，甚至你還能為廠商提供改良商品的意見，讓這款手機能為消費者增加緊急協助、社交生活、解憂解無聊的樂趣功能——不要小看每天這樣的練習，一年下來就有 365 種不同的身分資料庫可用，只要有這樣多元多維度、隨時切換頻道的思維與感官系統，你就有辦法在平時生活中為自己的「廣告文案」、「作家」、「作詞者」、「劇作家」……各種身分建立對應的大數據資料庫。

此外，我強力推薦《THE COPY BOOK：全球 32 位頂尖廣告文案的寫作指導》，我整理出這些全球頂尖文案大師他們是怎麼寫出有風格的文案，他們不約而同共通的寫作之道是什麼。你可以根據以下五點線索，虛擬進入這些文案大師的心腦之中，下載他們的文案天賦系統。

(1) 要找到商品的興奮點：

「我總是試著表現客戶的最佳狀態，而且真的對他們的產品感到興奮。」

「你的工作是創造客戶最好的自我，在他們裡面找到這一面，然後把它表現出來。」

「尋找能夠把客戶那個狹小、充滿藩籬的世界，與人類真正關心、廣大、陽光普照的世界連起來的方法。」

這三段都在說明做為一個廣告文案，要對客戶的商品感到興奮，而且要找到它最好的特點，然後把它表現出來。更重要的是，要把客戶比較小的格局拉大，拉出一條線對接到全人類的廣大一體，平時可以特別找一些完全沒有負評、一面倒的好口碑熱門電影、影集、戲劇，仔細研究他們是怎麼做到的。

至於我是怎麼找到寫文案的「興奮點」？通常在寫一篇文案，概念是最重要的，假如寫一篇文案要花一百分鐘，光是想概念就要花到 50 到 60 分鐘以上，一旦概念抓到了，會興奮得想尖叫：「感覺來了」，下筆寫文案就會又快又好，可以說是快、狠、準；但如果概念不對，就會覺得寫出來卡卡的，你就得再回到源頭去想還有哪些概念可以運用。

在想一篇文案的時候，最好拿出一大張白紙，放射性地狂寫所有的聯想，比方當你決定要以「春天」來做為案子的主要概念時，花點時間就「春天」這個詞你能夠聯想到哪些東西？

就像是思維導讀般地把這個概念天馬行空發散到無邊界宇宙，等到你再也想不出來任何想法之後，再去看看書、電影或是翻翻你的靈感筆記本裡還有什麼新的切入點補進來這張圖，這些都是非常滋養的文案孵化器。

(2) 每個文案應該要是一個寫作狂：

「我用鉛筆工作，有時候也會用鋼筆和紙，或是電腦，如果這些都沒有，我就會用別人的口紅或是眉筆。比較極端的狀況下，也可以給我樹枝與地面、石塊和人行道、指甲或是任何能夠在它上面畫的東西。」

「當文案靈感來的時候，他就是非寫不可，不寫會死，就算旁邊沒有筆，他也要想辦法去找東西把它記下來。」

「我思考的時候不寫作，寫作的時候絕不思考。」

寫文案前期花了很多時間累積靈感能量時，要想辦法累積到最飽，在那時刻來臨前都先不要寫，有點像是在煮熱水，要持續加熱，一旦到了那個沸點，就可以開始動筆寫文案了，然後就不必再費思量，讓滿載的靈感自然地流淌出來。

(3) 進入到消費者的身體裡：

「把目標消費者的形象放在腦海裡，鑽進他的皮囊，他的心底，只有這樣，才能開始跟他對話。」

如同我剛才提過的，虛擬附身進客戶或是消費者的身體裡，過他的生活，用他的眼光在看世界，只有這樣你才能夠寫出打動客戶與消費者的文案。

(4) 文案如詩：

「文案是用最少的話，說出最多東西的藝術。」

「我覺得最好的文案就是一種詩，去研究詩人的技巧，看他們怎麼運用語言、韻律和意象去達到效果。」

根據這兩位文案的說法，在所有的文字形式：詩、散文、小說、新聞報導中⋯⋯因為文案必須短而精煉，所以是最接近詩的，也可以說文案是變種的詩；一樣要用最少的話，講最多的東西，只是它比詩多帶了一點商業的目的性。

「我用祖母做雜菜湯的方法寫文案，把所有能夠找到有趣的素材都丟進湯裡，慢慢的讓湯濃縮。剛開始湯看起來相當稀薄而且不怎麼樣，不過只要你繼續攪拌，最後會煮出濃稠的好湯。」

我在寫文案前放射狀地狂想，有時會透過放空一天，出門做一個靈感採集者，這一天所看到、所聽到的都跟這個文案主題有關，看看還能採集什麼意外的收穫進來；這些漫無目的的靈感採集回來之後，有時不清楚它們可以拿來幹嘛，但慢慢去咀嚼、持續攪拌，最後會沉澱出很濃稠的好文案。

還有一位寫 VOLVO 汽車「你可以像恨它一樣地開它」文案的 Tim，他說：「我寫文案的方法：一個字一個字的寫，把所有能拿得到的資料都放在手邊。沒有所謂的長文案，只有太長的文案，兩個字的文案也可能太長，如果是不對的兩個字，絕對不要寫出競爭者也可以用的廣告。」

　　這段非常重要，文案沒有太長或太短，只有對或不對，精準或不精準之別。所謂的精準包括絕對不要寫出競爭者也可以用的廣告，當你寫完一篇文案，先不要說出品牌的名字，把文案念給任何一個人聽，看看他有沒有辦法透過你的文案一下子就猜到它是哪個品牌？如果猜對了，表示你已經把這個品牌的魂寫得呼之欲出了。

(5) 文案的視覺思考：

　　Tony 說：「哪有人會讀到第二段？文案必須以視覺的想像做為思考，他必須能夠看到占據空白之處的圖像。」做一個文案要能先看到畫面，即使這物件或空間還沒被做出來，你應該都要先看到，然後針對這個畫面，可以有怎麼樣的文案與它合體？

　　「不管你有多忙，每天一定要跟你的藝術指導一起去吃午餐。」

　　文案要與設計人員有很好的默契，如果有共同的興趣、共同的話題最好。當時我在做誠品書店文案時，我與視覺設計經

常聊天，甚至會交換影展中有哪些電影好看，這樣我們在溝通文案視覺時，彼此就可以用共同的語言來討論現正在進行的文案可以是什麼樣的風格？

「把排好的文案，伸直手拿起來，瞇著眼看。排出來形狀不好看的文案，通常讀起來也像是塞住的水管。」

就像一個房子，文案也是有結構的。寫完一篇文案後應該要退到一個距離，看看版面是不是有排比對稱性、節奏韻律感，美得是否夠穩定。

✍ . . . .

小結：

讓我來為第一堂課做個小總結：以非讀者、觀眾、消費者的角度來看書、電影、空間，內建多元多維度的創意感官系統，只要思維能隨時切換頻道，才有辦法在平時生活中為自己的「廣告文案」、「作家」、「作詞者」、「劇作家」……身分建立相應的大數據資料庫。

我鼓勵大家可以往文案這條路上走，但請不要把它當成唯一專長，因為創意文案是一種血統，不只是一份工作，若你要做文案，本身要對文字、影像、閱讀、思考、哲學、人生、

心理……都有高度的興趣，如果你對這些有興趣，那你的專長就不會只有文案而已，應該可以同步創造、寫作、寫劇本、寫書，或是做任何與創意有關的事都可以，跨三百六十五行都如魚得水。

課後練習

█ 向全球頂尖文案大師學習
█ 怎麼寫出有風格的文案

❶ 要找到商品的興奮點。

❷ 每個文案應該要是一個寫作狂。

❸ 進入到消費者的身體裡。

❹ 文案如詩。

❺ 文案的視覺思考。

█ 練習題

■ 假設你要寫一篇針對 25 歲男性消費者需求的手機文案,那麼請想想一個 25 歲男生早上起床,他第一件事情會做什麼?然後他一天會怎麼過?然後這些線索如何形成一篇文案?

第二堂課

如何建立你專屬的文案資料庫

巧婦難為無米之炊，如果一個主廚手邊沒有食材，他是無法做菜的。做為一位廣告文案，如果你找的素材都是透過搜尋引擎而來，你跟大家找到的資料沒什麼兩樣，那麼寫出來的文案也會差不多。倘若你真的想做一個既有深度，又能夠長久保有創意的廣告文案策畫，首先你必須每天做記錄來點滴累積成你的文案水庫。第二堂課我將跟大家分享平常是怎麼累積、分類自己專屬的文案資料庫，怎麼收集好的廣告參考樣本……這些每日習慣都非常重要，是未來源源不絕且獨家專用的靈感寶藏。

收集好的廣告作品與靈感素材

我在做文案期間會持續關注每一年國內外得獎的廣告創意作品，無論是平面或是影像類，只要我覺得很棒的都會存起來。平時收集資料時，我會依主題來分類建立資料檔案庫，例

如：自我勵志類、幽默類、親情感動類、情感藝文類、自尊成就類、感人故事類等等，這些都是我平常在想文案策畫時可以隨時參考的豐富樣本。為什麼要建資料庫呢？因為通常在做文案策畫的時間都非常緊急，經常必須在幾天內、甚至幾個小時之內就要寫出一篇文案，所以平常的累積就非常重要。做為一個文案，絕對不是等到案子來了才開始想創意，而是已經把所有可能的商品、服務、空間的各式各樣文案靈感都想好了備存，像是農夫有一座非常豐盛、種類多元的蔬果園，今天餐廳主廚來買一籃青菜，明天果醬工廠來買幾公斤水果，後天鄰居來跟你要串葡萄……絕對不是等到對方來買、來要的時候才種，而是把未來所需都種好，不僅可以隨時準備好對方急要的，多的部分還可以做蔬果汁、水果蛋糕、果乾蜜餞等創作。前提是這個果農必須每天澆水灌溉，讓它一直保持盛世飽滿、豐盛豐收、隨時供給、永不枯竭——請不要把文案當成速成技巧，它是需要很深的底蘊，就像釀葡萄酒那樣的功夫，這樣文案讀起來才有味道，才能夠點滴入人心。

此外，這些資料分類庫不僅要放入好的廣告作品，還可以放進相應的靈感和素材。電影導演馬穆・法希・裘斯昆說：「電影外的世界，遠比電影景框能呈現的更大，當鏡頭對準某樣事物，也錯過了其他東西。世界是不完美的，我想聽聽那些景框外的聲音。」所以我的練習是：比方今天看了一部喜劇電影，我邊看邊寫下覺得有趣的對話、故事情節，甚至我還會寫下大家在電影的哪些地方大笑，然後再把那些梗提煉出來。有時我會觀察生活中好笑的事，也愛聽別人講笑話，如果周圍的

人聽得哈哈大笑，我就把它收進幽默檔案中，因為這些就是笑梗，將來若要構思一部廣告創意短片，或是寫一篇很有幽默感的文案，參考這些「笑梗」就會有非常多的靈感可以用。

從電影中收集靈感

文案大師 Bob 說：「現代的文案寫作很電影。」看電影是我非常重要的靈感資料庫來源，也是角色練習場，只要我不是在巡迴演講或旅行，我一定每天看一到五部電影，因為每部電影就是許多人的人生總匯。我在《14 堂人生創意課》書中提到，在看電影的時候，要把自己同步開啟成主角、主角的對手、配角、導演、編劇、攝影、製片人……的角度，有助於開啟自己的視窗、視點與下筆的方法，更有助於我們瞭解各式各樣的人、客戶、消費者，而不只受限於我們現在的年齡與人生閱歷。

我的腦袋分成兩個，一個是文案的腦，一個是創作的腦，當我在看電影的時候就會同步發展這兩個腦的豐富度，邊看電影邊同步筆記。我的靈感筆記本會從中間畫一條線分成左右兩半，左邊記錄這電影好的句子、對白、情節、畫面、故事，右邊會寫下我看這部電影時突然有怎樣的靈感。舉例來說，我看了《無問西東》這部電影，筆記本左邊寫下感動我的電影對白：「你怪她沒說真話，但你又給她真實的力量了嗎？」同時我在筆記本右邊寫下我的新發現，就是這部電影每個角色都有困鎖住他們反應的木馬程式，以至於一路演變成了自己的悲

劇。也就是說，在我看了《無問西東》這部電影後，我收集了創意文案的靈感，也同步收集了寫書、演講的素材。

舉另一個實例：很早以前我看了一部電影《再見了，不聯絡》，裡面有一句話「人生有好多個十年，如果剛好是 18 歲到 28 歲，那就是你的一輩子了！」當時我很被觸動並隨手把這句寫進靈感記事本裡，因為 18 歲到 28 歲是人生中最充滿變化、驚喜、挑戰的十年，相信這句話會讓很多 18 歲到 28 歲的人特別有共鳴，並提醒自己要在這個時間中把握自己有限的青春精華期——後來也收錄在我寫的誠品文案、《14 堂人生創意課》，以及多次演講內容中。

此外，我看過電影《狂愛聖彼得堡》，裡面的女主角非常有自信，她的存在就是一道美麗且很有魅力的風景，每次她走在路上，那種自得其樂的樣子非常迷人，電影中她的經典金句是：「把自己變成方糖，放在茶裡，茶就不澀了；放在咖啡裡，咖啡就不苦了。」這句話其實本身就是一段很棒的糖或蜂蜜的文案。還有電影《練習曲》也有一句勵志語：「有些事你現在不做，以後就不會做了！」這段話很適合推廣「說走就走的旅行」，無論是旅行社、遊輪、旅館、旅行類網站、航空公司等等……還有一部劉若英導演的《後來的我們》，以中國大陸過年春運為主題，文案寫得非常動人，電影上映前、上映中，網路上有非常多人流傳了這些金句：「人類史上最大規模的短期遷徙，這是專屬於 13 億中國人的傳記。40 天左右的人口遷徙，數億的流動人次，平均約 700 公里的出行距離，相聚卻只占一年中的 7 ／ 365。後來的我們為什麼只有過年才

想到回家？為了誰四處遷徙？為了誰回到故里？回家的路上我們又會遇見誰？有多少人衣錦還鄉？有多少人放棄夢想？有多少人跑贏了時光？有多少人弄丟了對方？為什麼贏過了漂泊卻輸給了孤獨？為什麼討厭春運卻還要回家？後來的我們各自跟誰吃著年夜飯？經歷過春運的人海，為什麼還走失在未來？後來的我們為什麼在擁擠的人群裡，卻還覺得自己孤身一人？」這幾段話就把在火車站裡情感的流動、對於自己以及人群的反思，還有對家近鄉情怯的矛盾都詮釋得非常深入人心。

日後你去看電影時，可以一邊看電影一邊隨手記錄創作靈感，一邊把好的啟蒙式金句寫下來，針對這些句子練習能不能把它們衍生成新的文案，然後再想一下這些文案可以放在哪些商品、服務或是空間。如果還能順手把新聞、網路上感人的故事納入文案靈感庫，那麼這些全是可以用來拉高維度、拉大格局、提升文案架式的素材。

以有創意的閱讀方法來收集靈感

這是很重要的，因為閱讀就是寫文案很重要的靈感來源。我平常在看書時會把一些好的句子畫線，如果刺激到我想到什麼特別的點子，我就會寫在文案靈感庫中；若那一頁有一整篇非常棒的概念，我就會把那頁折角並寫下關鍵字來幫我索引。舉例來說，我手上有一本在講「吸引力法則」的書，我會在很特別觀點處折角並寫下「夢想」兩個字，然後將書名與頁碼記錄進我的文案葵花寶典，之後如果我在寫跟「夢想」有關的文

案，我就可以依線索找到這本書的折角收錄為引言，或是用來刺激我想出不同的靈感與點子。我目前已收藏數千本書，這些平時閱讀所同步做的折角處，就是我非常豐富的靈感路徑，未來任何時候若需要緊急寫一篇文案，就不用再去大海撈針地找資料。

至於該怎麼樣閱讀，才能讓文案文筆功力大增呢？我給大家四個建議：

第一：深度閱讀，甚至研究作者的用字以及描述方式

當你看到一段很有感覺的文字時，你要深度地研究一下，作者的文字是怎麼開始吸引你的注意？透過他的描述，他想傳遞的概念是什麼？他的文字是用第一還是第二人稱？這一段你很有感覺的文字用了怎樣的句型、用了哪些動詞、形容詞、名詞？透過這段閱讀，你腦袋裡跑出什麼畫面，有哪些感覺？這段文字哪幾句話，就算你闔上書本之後還感到蕩氣迴腸，還能夠把它背念出來？

所以並不是匆匆忙忙把書看完就算了，那等於就沒讀這本書，因為這本書的精髓並沒有進到你的血液裡。你可以先挑幾本非常喜歡的書仔細地閱讀，有點像是把它的養分、它的觀點，像打點滴一樣的打進你的靈魂裡。除了你喜歡的書之外，也要讀一些正在流行的暢銷書，因為你要看到目前集體的流行趨勢是什麼？他們在關注什麼樣的話題？有點像是風向球，因為廣告文化也是聞嗅著流行而走的。

一個好的創意文案，必須要是一個流行的預言家，站在整個流行風潮的最前端，具有一葉知秋的能力，當一點點苗頭出來的時候，能完全知道這點苗頭未來會漫山遍野地流行開來，例如一本新書上市，就能夠預言這本書會不會對後續有巨大的影響。更進階的還可以成為創造流行的先知者，知道目前社會需要什麼，可以透過文筆去帶領新的風潮。

第二：大量的閱讀，培養快速閱讀，而且能夠同時抓到重點

　　所謂的重點，就是關鍵字或者是創意點的能力。剛剛我們第一點講到要深度閱讀，但同時你也要學會大量且快速閱讀，而且都要做筆記，並幫這些筆記分類，來成為你隨手可用的文案靈感資料庫是非常重要的，因為文案工作交稿的時間都很短。

　　我建議做為一個文案，辦公室、工作室或是書房一定要有很多書，而且經典的書必備。當你在寫文案，有時候需要深入某一個觀點，就可以從書架上去翻找相關的書，比方我要寫一個香料書展，就找出《感官之旅》，不再從頭到尾讀這本書，我的眼睛開始全頁全篇地搜尋「香料」、「氣味」、「嗅覺」的關鍵字、形容詞、名詞、動詞，以及故事。我在寫一篇文案的時候，通常要以這樣的方式只針對主題去搜讀 5 到 6 本書，但如果平常都沒有看過書，你怎麼知道要挑哪些書來搜出文案養分呢？

所以做為一個文案真的要非常喜歡閱讀，而且饑渴似地大量閱讀，幾乎要知道市面上重要的話題書，而且要知道書中在寫什麼。除了書之外，還要密切觀察網路上流傳的資訊議題，看大家都在社交平台上曬哪些圖文，來做為研判未來可能的流行動向。你可以每天、每周寫下你所觀察社會局勢氛圍裡「流行的十個關鍵字」，依重要性以及影響力排序，這也可以做為日後檢核自己有沒有預言能力的重要依據。

現在請準備一本活頁記事做為你的文案秘笈，邊生活、邊觀察、邊收集，這將會是你珍貴的文案葵花寶典，當你的靈感水源庫一直是飽滿的，怎麼可能會有靈感枯竭的時候呢？

第三：以人類學家的角度閱讀你環境場的人、事、物

法國重要的當代人類學家馬克・歐傑寫的《巴黎地鐵上的人類學家》，在涂爾幹、牟斯、李維史陀等影響之下，提出許多關於當代生活、全球化社會以及城市空間的概念被大量引用。他拋開遙遠、原始、嚴肅的人類學研究包袱，率先以這本書展開關於地鐵的人類學論述，開啟了「近在身邊」都市民族誌的人類學研究，我們也可以這本書的視角，練習做為自己此時此地的人類學家：「地鐵路線彷彿攤開的手掌，每一條相互錯綜交疊的折痕分別代表了家庭線、工作線、感情線，這些關於地鐵的個人回憶交織出一個城市的前世今生；擁有不同掌紋的每位乘客彼此互不交集，僅以模糊的面目，孤獨地朝向不同方向移動……在現代社會，人們經常移動，在到達下一個地

點的路徑之間，時常短暫停留在車站月台、機場大廳。當人們身處這種空間時，需要倚賴各種符號指示以完成在該空間的目的；當那些指示被替換，該空間對人們的意義也隨之改變。馬克・歐傑稱這種性質浮動的過渡性空間為『非地方』（non-lieu），非地方的意義可不斷被重置，所以非地方並不承載歷史，在非地方的人們也不具面孔，僅以信用卡或車票做為身分識別。持著車票當作認同的人們，在非地方中以個體為單位被處理，由此產生了孤獨。巴黎地鐵的規模龐大、路線交錯複雜，交通網絡從市區核心延伸到近郊，而路線與地鐵站的增長恰恰標誌著這個大都會區的擴張歷程。馬克・歐傑是個道地的巴黎人，巴黎地鐵在他生命中的各個階段從不缺席，彷彿是一張可用地鐵站名填寫履歷表。他從兒時回憶說起，地鐵因他的個人記憶有著不同的意義，但路線和站名並不只是地理的指涉，更承載著集體的身世和整個城市的歷史脈絡。他以人類學家的眼光，在日常生活的地鐵空間中進行民族誌的田野調查：所有移動的乘客和短暫停留的流浪漢、扒手、小販等族群都是他觀察的對象。他以自身的觀察穿針引線，串起各方人類學和社會學的相關論述，闡明概念、提點思考。在這個快速擴張的現代社會中，每個個體都在進行孤獨的移動，因為孤獨，我們感受到群體，並在地鐵這樣的空間中和群體建立起似有若無的連結，或在交匯的移動中，與空間建立起不同以往的關係。閱讀這本書，我們『非地方』的捷運經驗於是連結起30年前的巴黎，讓每天百萬人次的孤獨得以有文字描述、有一個理解的框架。我們與城市、身邊的人、目的地或出發地的關聯，也找

到幽微的線索：一張交疊著地理、記憶、孤獨與群體的移動地圖。」（此段引自該書的網路資料）

此外還有作者赤瀨川原平、藤森照信、南伸坊 1985 年合編了《路上觀察學入門》，讓日本掀起一股「路上觀察」風潮。所謂「路上觀察」，就是在「路上」進行「觀察」，加個「學」則帶了點鑽研的意味。這群人除了會將觀察結果利用手繪圖、照片或是文字記錄下來，還會設計工作表格、規定記錄準則、為特定物件命名，甚至舉辦社團訓練活動。路上觀察學的前身，可追溯到關東大地震之後興起的「考現學」，在破壞與重建之間，對現時當下的記錄；各自從其擅長角度告訴我們可以怎麼「看」，以及我們可以從觀察紀錄裡「看」到什麼。赤瀨川看到林丈二的記錄時曾經說：「如果外星人登陸地球的話，做的大概也就是這些事吧？！」現在不是地理大發現後博物館式獵奇時代，記錄的重點應該是看、描述跟新鮮感，身為記錄者必須隨時保持對這個世界的好奇心，在記錄的當下，我們也必須花更多的時間看，同時認真想該怎麼用自己的方式描述、記錄這個世界。（此段引自該書的網路資料）

課後練習

▌ 如何累積、分類自己專屬的文案資料庫？

❶ 從電影中收集靈感。

❷ 以有創意的閱讀方法來收集靈感：

- 深度閱讀，甚至研究作者的用字以及描述方式。

- 大量的閱讀，培養快速閱讀，而且能夠同時抓到重點。

- 以人類學家的角度閱讀你環境場的人、事、物。

▌ 練習題

■ 一邊看電影一邊隨手記錄創作靈感，再把好的啟蒙式金句寫下來，針對這些句子練習能不能把它們衍生成新的文案，然後思考這些文案可以放在哪些商品、服務或是空間？

第三堂課

如何培養有風格、有氣味、
有畫面感的文字寫作力

每天練習用文字表達自己的獨特觀點

　　表達有很多種方式：說話、唱歌、繪畫、舞蹈、寫字……無論是哪一種，每天練習用該方法表達當天你最有感覺的體悟是很重要的。舉例來說，如果你是一個文字工作者，每天要寫金句放在社交平台上，這段金句不是流水帳，而是要有自己的觀點、自己說話的語氣和腔調，當別人看到這段話時，不必看名字就知道是你寫的，因為從這段話裡就能聽到你在文字裡呼吸的聲音，於是你文字表達的風格就形成了。等到你會用自己的風格精準地寫出你想要表達的感覺，你才能夠進一步切換到其他消費者身上來練習：如何用鑽進消費者心裡，用他／她的口吻把觸動的感覺寫出來。

　　舉個實例練習，如果想寫一個比較霸氣、強調這款汽車安全性能很高的文案，先想一下你會怎麼用文字來描述？……想好了嗎？如果你想好了再往下看。

VOLVO 汽車的特點是很堅固、很安全，它的文案是：「你可以像恨它一樣的開它。」你一聽到這句文案時，你不需要理性地詳細知道 VOLVO 有哪些安全配備，因為「像恨一樣」的感覺你一定曾經有過，當你在憤恨時，你會想要摔門、砸東西、很暴力的說話或動作，而這部車子可以承受得了你的暴怒，可見它很堅固——這樣的文字迅速勾起你的情緒感覺，也瞬間讓你有了生動的畫面；如果你的文字無法讓看的人有畫面，也就無法感覺到你想要表達的是什麼，更別說是被吸引閱讀、記住、衝動到行動了，這樣的文案就算是失敗的。

　　我再舉一個自己的實例：我去希臘，回來的時候寫了一本書《希臘：一個把全世界藍色都用光的地方》，如果我的是「希臘很藍」，那麼這就只是一個很平淡、無法引起情緒波瀾的敘述句；但當我寫了「一個把全世界藍色都用光的地方」，不管你有沒有去過希臘，你腦海中很容易跑出「把全世界藍色用光」的動態影像，彷彿看到一位畫家把手中所有藍色顏料都往希臘這裡傾倒。也就是說，如果你想要讓筆下的文字生動，你必須要自己先看到畫面。

閱讀一段文字後閉眼看畫面

　　當我們閉眼，一樣可以感知，這就是內在感官，因為我們的大腦分不出哪些是真實的、哪些是想像的，所以我們在寫文案或是創作、寫作之前，內在感官就必須要先活化，否則是寫不出生動的文字。至於如何培養文字的視覺想像力，平時

可以透過看書、繪畫、展覽、電影、影集、新聞、日常觀察來練習，舉例來說：你先選出一本你喜歡的文學作品，無論是小說、遊記或是一首詩都行，你先讀到一個段落，然後閉上眼睛，看看是否能看到你剛剛讀的文字畫面、聞到味道、感覺到溫度和觸感？好好體驗這個感覺之後，再進一步思考，如果是你用文字來描寫你眼前的空間，你會如何用精準的字詞描述？讓別人看到你寫的這些文字之後，可以用他們的內在感官還原出你所在的空間、氣味、觸感、聲音？

我舉木心的一段詩給各位做練習，我們可以邊看邊想像畫面：「愛斯基摩的婦女們，手執木棍，把住處的風趕出去。」透過短短的三句，你能不能看到動態的影像？如果可以，你就有了把文字轉換成畫面的能力，然後你繼續從內在視覺「收看」這個畫面之後的下一個畫面可能是什麼？你有辦法以文字來描述這個「尚未被寫出來」的畫面嗎？

此外，如果你到美術館看畫，你可以這樣練習視覺思考：想像眼前是一張白色的大畫紙，什麼都沒有。如果你置身進這幅畫的畫家，當你看到眼前整片大自然環場全景，你想要讓哪些範圍內的風景畫到紙上？你要有能力從一幅現成的畫，把時間倒推到畫家才剛剛開始構思、剛剛準備選材進這個畫的主題，你要有能力還原比這幅畫更早、更大規模的動態場景，這樣你才有能力把腦中的景象靈感變成實體作品。這種能力很重要，如果你做文案或是文字工作者沒有這個能力的話，你寫出來的內容是無法引人情緒與感覺的，這些文字就缺少生命力。所以有一句話講得非常好：「如果你腦袋裡沒有城堡，手上有

再多積木都是沒有用的。」講的就是「文字的視覺想像力」的能力非常關鍵。

多看視覺類、藝術類的作品

　　平時要多看藝術、視覺作品，包括美術設計人員在看的書。我把自己當成美術人員來進修，培養自己的視覺思考，以及與美術人員溝通的能力。在我的閱讀書單裡面，除了三分之一是跟心靈成長有關的書，也有三分之一是跟藝術、美學、視覺、設計相關的書。此外，歷年來得獎的經典廣告影片也是一定要看的，觀看的原因並不是要去學或模仿，而是去看他們是怎麼想出來的，如何從日常生活中提煉出這些驚喜的創意爆點，一旦這個點石成金的能力會了，你就有了無中生有的創意魔法。當你成為既能想品牌精神、策劃活動，還能寫文案，甚至可以把整份文宣都設計出來，那你就是全能的創意人。比方像阿原肥皂，它的產品開發、文宣概念與設計都是阿原所主導的；還有知名糕點品牌日出大地，它糕點盒子上的文案與設計都非常有創意，很多人是衝著這些包裝而買的，吃完還捨不得丟掉包裝盒，因為每一個都像是禮品，或是像一本精裝書。建議大家可以去台中宮原眼科總店，他們把一個老舊的眼科醫院改建成糕餅中心，整個空間設計成圖書館的樣子，每一本糕餅書被放到類似圖書館的書架上——據說這家店的老闆鼓勵所有員工一起發想商品、一起寫文案、做設計、想活動，每個員工都是這個品牌的創造者。

看完畫面影像之後口述練習

我練習「視覺想像思考」的方法，就是每一次看到好的電影、好的影集、好的藝術表演或是新聞畫面時，我會找一個從來沒有看過這些影像的人，用非常詳細的方式說給他／她聽。舉例來說，我看了一部愛情文藝片，我會非常仔細地把所有看到的畫面，包括幾分幾秒在怎樣的空間出現了誰、她做了什麼、30 秒後又出現了誰、兩人之間說了什麼，然後各自分開搭乘怎樣的交通工具去做了哪些事……把影像中每個環節，對一個從未看過這影片的人描述得非常詳細，讓對方可以透過我的語言彷彿正在同步看電影——如果沒有這樣的能力，就沒有辦法把腦袋裡的一切，很生動地表達給讀者、觀眾、消費者看。所以只要你能夠很鉅細靡遺地描述電影，這個「視覺想像力」就能讓你有辦法構思廣告影片、電影戲劇腳本，這就是我開啟多元創作、產生裂變式文體的秘訣。

發展「自生情節」的視覺聯想力

有一本文案創作者必讀的經典書《51 種物戀》，是哲學家德瓦把日常生活中常見的 51 件平凡物品，用哲學家的觀點，以非常詩意且很有聯想力的方式描述出來。我們就用他這本書上的例子來做練習：比方我們喝湯用的碗，如果你用一段話來跟一個從來沒有看過碗的人描述「碗是什麼」？你會怎麼描述？請你用十秒鐘先想一下，想好了才往下看。

想好了嗎？想好如何獨特描述你眼前的這只碗了嗎？讓我們來看看德瓦他是怎麼定義「碗」，你可以一邊看他的描述，一邊讓這只碗的畫面從你腦中浮現出來：

　　「你的碗開創了容器的功能，它能夠終止水無止境的流動。碗很像是一個岩石凹洞，有著手的大小、胃的容量，它也是一個開放式的洞穴，溫熱的容器，最具母性也是最叫人放心的物品。佛教僧人即使放棄一切，也會留下一只飯碗，缽對僧人來講就像是家，純粹的內餡，純粹溫柔的母胎，就像是有人把誦經的時間長短定義成一餐飯的時間，其實就是一個胃的時間、一碗飯的時間，碗就是一種永恆的內涵……今晚我入睡後，夢見的書將是一碗一碗的文字。」透過這段文字，你看到德瓦眼前的這只碗的樣貌了嗎？這就是發展「自生情節」的視覺聯想力。

　　再從這本書中舉另一個例子。比方開門用的鑰匙，你會怎麼定義、描述這個鑰匙？你先用十秒鐘想一下，你想要傳達你心目中的鑰匙是什麼畫面、什麼概念？然後你會用什麼樣的句子來形容它？請用十秒鐘想一下。

　　如果你想好了，讓我們來看德瓦是怎麼定義鑰匙的，你可以一邊看、一邊以「自生情節」的視覺聯想力，讓畫面從腦袋裡跑出來，這點很重要。如果所看到的句子沒辦法立即轉譯成畫面，那麼你就沒辦法成為一個生動的文案——德瓦是這麼形容鑰匙的：「鑰匙就像一張圖表，像天邊的一座山脈，會發出叮噹聲，它是進出、居住、開車、工作、旅行的必備條件。

鑰匙擁有權力的主要特徵，既神秘又孤獨，它有一種濃縮的力量，能放行，也能夠守護家園。它隨身帶著門的控制權，也是愛情的擔保，一對相愛的人就是彼此的鑰匙。」這段文字是不是很美？如果把這段文案拿來做為一個鑰匙造型的項鍊文案，是不是很能觸動你的感官？

再試一個例子：如果要你描述「傘」，或者要是你寫一段傘的文案，你會怎麼寫？等你想好了再往下看。

德瓦是這麼形容傘的：「傘，是一把可以帶著走的天空。」當你聽到這句話，你腦中是不是會出現很多人撐一把他們自己的天空，走在下雨的街道上？如果你是設計傘的人，你或許就因為這句話突然就有了把傘面畫成教堂穹頂、或者是藍天白雲的靈感。所以，一句好的文案，它會刺激設計這個商品的人有新的靈感，也會刺激在使用這商品的人有一種新的用法、新的心情。

你平時用的「鹽罐」，德瓦是怎麼以哲學家的角度來定義的呢？

「一旦味道太淡，你就會想要找鹽罐，或者是用目光，或者是用手下意識的伸手可立刻到位，專注而忠實，而你也就馬上忘了它，否則你會起來憂心地尋找，有時候離得很遠，在另一頭……無論如何，鹽罐是一個若隱若現、時有時無的東西，它自身卻有恆久持續的保障，它的穩定性是它的責任，不是你的問題，你對它的要求只不過是隨時扮演好它的角色。無論如何，即使出其不意，提供味道的急救服務，時時刻刻聽候差

遣⋯⋯鹽罐是文明的指標，想一想鹽的歷史，史前有一群鹿舔著從岩洞中露出了一塊東西，勇士發現了便跟著去嚐⋯⋯使用鹽罐的時候，通常讓罐子頭上腳下顛倒過來，不用太久，不用太多，極少的量便足夠了⋯⋯對抗平淡是一場奇怪的戰役，鹽罐其實是我們在許久以前稱為人靈魂的實際形象，地球上的鹽也成了任何一個人。」

再複習一下德瓦筆下「鹽」的特色：平淡無奇，上下顛倒，量不用多，攪拌均勻，這一切不就是智慧的寫照嗎？如果你手上有這本《51 種物戀》，你先不要打開來看，自己先想一下，如果這本書交給你來寫，你會挑哪 51 種物件？然後就這 51 種物品各寫出將近 3000 字以上，獨特且有深度的定義與描述，寫完之後才打開這本書的目錄，看他是怎麼描述這 51 種東西？你跟他的差別是什麼？有哪些是他看到、講到，而你卻忽略的？這就是以「思考與畫面先行」的閱讀方法來練習原創能力。

多讀感官類的書或電影，來啟動鮮活的文字力

我非常推薦大家看《最後的食譜：麒麟之舌》，透過影像把美食呈現得非常誘人生動，我是一邊吞口水一邊看完這部電影。還有一本書叫做《小說餐桌》，這本書一開頭引用了《華氏 451 度》非常美的一段文字：

「我曾經拿書來當沙拉吃，書是我午餐的三明治，我的晚餐，我的消夜。我撕下書頁配鹽一起吃，沾些佐料，齧咬它的

裝訂，還用我的舌頭來翻弄章節。幾百幾億本書，我帶太多書回家，結果多年駝背。《哲學史》、《藝術史》、《政治》、《社會科學》、《詩詞》、《論文》隨你挑，我統統吃了。」

這段文字是不是很適合來做為書店或是文創空間的文案？短短的幾行就把書與食物之間做了很好的呼應與銜接。另外，關於嗅覺、味覺很重要的一本書《感官之旅》，裡面有非常多極生動的氣味描述，比方說：

「紫羅蘭聞起來，彷彿是曾經泡過檸檬和天鵝絨再經燒灼的方糖。」還有一段描述也非常生動：

「嗅覺不像其他的知覺，它不需要翻譯者，它的效果非常直接，不會因為語言、思想或者翻譯而稀釋。某種氣味會使人懷舊，因為在我們還沒剪輯之前，它已經勾起了強烈的形象和情感。莫里斯說，如果我們把香水給了某個人，就相當於給這個人記憶。當記者問瑪麗蓮夢露穿什麼衣服上床的時候，她靦腆的回答：『香奈兒5號』。」而這也是一則非常經典的廣告文案，當她說她只穿著香奈兒5號的時候，你彷彿可以看到她裸睡的曲線以及聞到她的氣味。

《感官之旅》是我做為文案的案頭參考書，它的龐大感官類資訊是瞬間拉深、拉高文案維度的速效劑，例如書中有一段生動地描述味蕾的功能：

「我們的味蕾，只要食物中有 200 分之 1 的甜味，就能夠嚐出它來；我們也可以品嘗 400 分之 1 的鹹味、13 萬分之 1 的酸味，但只要有 200 萬分之 1 的苦味，我們就會知道。」

這段話很適合來描述人生或是一杯飲料的文案。

此外，我還想推薦一本也是跟食物有關的書《派的祕密》，裡面也有非常多關於食物、氣味的描述：

「你不只是在做泡菜和果醬，而是在延遲回憶，把時光泡起來，不然就消失無蹤了。冬天，雪花飄在光禿禿的樹幹上，你從罐中取出泡菜或是果醬，塗在圓圓的鬆餅上，一頁相簿就此翻開，你正在咀嚼回憶。」

這就是一段非常有滋味地描述泡菜或是果醬的文案，當你在看這些句子時，是否能夠看到、聞到、品嘗到這些氣味以及舌尖上的感覺呢？正因為我非常喜歡看這些跟食物有關的書或是食譜，所以我在寫食物相關的文案時，我已累積很多靈感、詞彙可以用，而且可以又快又好地完成。

我再舉徐四金《香水》為例，如果你看過這本書，你會從他的字裡行間聞到巴黎市場的氣味，因為他的文字非常精確地「轉譯」他所聞到的氣味、他所身處的空間，透過這些文字我們也身歷其境地進入他的環場裡——當你在看小說、詩、散文，特別是美食文時，記得把一些生動的氣味描述記進你的文字靈感庫裡，看看作家如何描述燒烤玉米的味道、一朵花開的香味，或是一整座森林清晨甦醒的氣味。

我來出個練習題：如果有一家書店，它開在一家超市附近或是旁邊。你會怎麼定位這家書店？你如何用超市的元素來寫這家書店文案？等你想好了，再看我的例子。

我舉一篇自己寫的誠品書店高雄 SOGO 店文案為例，這個書店開在一家生鮮超市的正對面，我就用這個特點來做為文案的主調：

在有味覺的果園書店，為愛人買菜，為自己買書。

誠品書店高雄SOGO店新開張，歡迎帶著菜籃來秋收知識！
為愛人買菜，為自己買書。

因為書店就在超市對面，所以你拿著菜籃來買書，一點都不會奇怪——當我用超市與書店的綜合意象來寫這篇文案時，彷彿就聞到書染上了蔬菜和水果的氣味，這樣寫起來就特別生動，這就是我動用了「文字視覺想像力」的案例。

離開廚房爐火，提著菜籃到書店裡找新的烹調創意，
在詩的牧場，收割一本能聞到野香的《草葉集》，
到文學農莊，採摘一本剛上架的《番茄》，
輾轉採集有味道的知識，找幾本合你口味的書，
用營養和卡路里來考慮書／果的綜合菜單。
走之前記得帶一本作家寫的食譜，
或是架上有水果名的詩集，
放進盛滿青菜、麵包和書的菜籃裡。

上面提到的《草葉集》、《番茄》都是書的名字，在這邊把書的名字當成是一種蔬菜水果、或是一道菜色。也就是說，我必須知道有哪些書的名字本身就有食物、或是蔬果的名字在上面，這都是平時累積而來的。

此外，這「書／果」不是蔬菜的「蔬」，而是書本的「書」，我直接將書與食物做一個有趣的嫁接，並且用「卡路里」來形容書本知識營養的程度。

> 在廚房弄張小躺椅，悠閒地度過火候時間，
> 讀完泰戈爾的《採果集》，
> 用油醋和橄欖醃的蔬菜應該已經入味了。
> 意淫完伊莎貝拉・阿言德的《春膳》，
> 感覺到煙熱，
> 燉牛肉湯就可以起鍋。

把料理食物的過程、等候的時間用來看書，這樣就能讓廚房跟書房的意象合在一起。

> 逛完一圈彼得・梅爾的《茴香酒店》，
> 聞到微焦的香味，
> 蘋果派已經烤好。
>
> 作家的靈感是有味道的，能幫你用感情料理三餐，
> 用唇嚐一杯葡萄酒和消化一整頁的愛情。

這一整頁的「頁」，並不是日夜的「夜」，而是書本的「頁」，我會特意用一些轉譯詞，讓文案中佈下生動且有趣的雙關語。

> 誠品書店就在高雄SOGO百貨樓下，在最新鮮的超市對面，
> 讓書本跟著蔬果有季節變化，
> 你每買一本書，我們就送一顆剛採摘下來的新鮮檸檬，

讓每本從這裡帶回去的知識，

一剖開都有維生素C的味道……

9月5日，請帶著你的好胃口來秋收最新鮮的智慧！

這段是因為當時誠品書店的活動是：買一本書就送一顆檸檬，於是我就把這個活動串進文案裡，用超感官視覺化的文字表達：從這裡帶回去的書，打開來都會聞到檸檬維他命C的味道。

我平時會大量收集很多關於食物、感官的書或資料，幫助我對詩意的感官有深入的體會，我書櫃有兩大格專門放食譜或是跟食物相關的書籍，當我寫文案的時候就可以隨手拿來參考。只要你平常累積足夠豐富的感官類的書就非常好寫，當你開始寫一篇文案的時候，先在腦袋裡把這個環場空間建出來，然後把觸覺、味覺、嗅覺……的氛圍舖陳好之後，就可以開始寫了。我平常隨時隨地都會這樣的練習：吃一頓美食、逛菜市場，或是到寺廟聞到焚香的味道……無論今天聞到什麼特別的味道，試著用文字把它寫出來，然後傳給朋友們看一下，問他們是否能透過文字進入我的環場。或是：去找一個喜歡的百貨公司或是商場，去逛一圈後想想看，如果你是這個商場、百貨公司的消費者，你如何抓到能刺進大家感官經絡裡的亮點，讓看到你文字的人有感覺？

正因為這些美食感官資料的刺激，也觸發我另一類型的創作：《情欲料理》、《食物戀》這兩本書都是跟食物有關的作品——如果平時有非常豐富的靈感資料庫的話，就可以同時寫

文案、創作、寫書，我也幫自己寫的食物書寫文案，例如我幫
《情欲料理》這本書寫的文案是這樣子的：

　　愛，一個動詞，講遍了千年來所有的愛情故事。翻開食譜，
人對待食物卻有上百種鮮活的態度：剁、切、刨、擀、煎、煮、
炒、炸、燜、燴、烤、焗、蒸、熬、燙、醃、烘、燉……如果把
對待食物的動詞拿來料理愛情，砧板上興奮的不只是舌頭而已。

　　愛情要保鮮，刀工要細膩，相處講究火候，平日擅長紅燒情
欲，忠誠原汁原味，出軌口感十足；上千種各式料理攤在桌上，
句法如詩，料理的步驟像戀愛的節奏，眼睛隨著分解圖片，吃進
一幅一幅色香味俱全的人間風景。

　　如果能夠用詩人的眼光，或是用哲學家的思維來看日常生
活，每天在身邊找一件平凡的事物，好好觀察之後，用非常創
意獨特又有深度的方式來描述它，甚至可以配上你自己的插
畫或者攝影作品，你就會體悟到很特別的詩意與哲思，自然而
然就能夠寫出非常有風格、既吸睛又有底蘊深度且餘溫繚繞的
文案，累積到最後還能成為你的文案靈感庫，甚至還可以集結
成書！換一種閱讀方式，就能同步培養有視覺風格的文字寫作
力，就能讓自己的文案寫／血統更進一階。

　　在第三堂課最後我再給大家一個練習題：用短短的一百
字，寫下你剛剛吃的那道食物的味道，或是剛剛喝的那杯茶或
咖啡的口感，最重要的是請不要用別人寫過的形容詞，自己想
辦法用最獨特的生命經驗來寫你所嚐到的味道，無論是嗅覺還
是味覺，等你寫完的時候可以念給另外一個人聽，看看他是不

是能夠聞嚐到或是感覺到你所描述的那種感官氛圍，如果他一聽完就很想趕快嚐你所描述的食物飲品，那麼你的文案就成功了。

　　我覺得身為一個文案最美好的事，就是能用我們獨特的眼睛，透過文字讓其他人也看到我們眼前的美好，無論是商品或者是世界，這就是為什麼有人用「品時」來形容享受生活的態度——記得打開你敏銳的描述能力，用感官創作者的身分來好好的體驗今天！

課後練習

▌ 用詩人的眼光、哲學家的思維，
▌ 寫出有視覺風格的文案

❶ 每天練習用文字表達自己的獨特觀點。

❷ 閱讀一段文字後閉眼「看」畫面。

❸ 多看視覺類、藝術類的作品。

❹ 看完畫面影像之後口述練習。

❺ 發展「自生情節」的視覺聯想力。

❻ 多讀感官類的書或電影，來啟動鮮活的文字力。

▌ 練習題

■ 用短短的一百字，寫下你剛剛吃的那道食物的味道，
或是剛剛喝的那杯茶或咖啡的口感。請不要用別人寫
過的形容詞，想辦法用最獨特的生命經驗來寫你所嚐
到的味道；寫完後可以念給另外一個人聽，看看他是
不是能夠感覺到你所描述的那種感官氛圍？

第四堂課

建立音樂庫，
創造寫作的音樂頻率場

　　挑音樂是很重要的。無論我在寫文案或是寫作，我都會先選定音樂之後才開始，這有助於我在經常被打擾中斷的環境中，維持一個固定的頻率場，並可以維持寫作風格的一致性。我隨時隨地都在收集音樂，比方說我在機場、餐廳、車上聽到一首很棒的音樂，我會用搜尋音樂軟體搜出來，然後收進我的音樂檔案夾中；我還會把收集到的音樂做很細的分類，例如：激昂音樂適合寫大氣勢、大格局、雄壯威武型的文案，或是我在幫一個 SPA 館寫文案，我會先找一首很舒服、很寧靜的大自然森林雨聲音樂做為襯底，音樂一放，我就瞬間進入放鬆的狀態，彷彿我在森林裡面享受 SPA，讓很舒服的感覺自動帶出文案之流，就能瞬間下載讓人非常悠閒的 SPA 文案──就像是幫自己要寫的文案找配樂，這些音樂檔都是我的文案靈感孵化器、最快速的時光機，可以瞬間把我帶到我要寫作的時空中，也等於是我的調頻器與定頻器。有許多我拿來激發靈感的音樂已經收錄進我的《音樂欣頻率》、《音樂超頻率》^{（註2）}

的專輯裡，那些都是我非常喜歡聽，而且是拿來做為一邊想靈感，一邊寫文案，或者是一邊創作我的散文或小說的背景音樂。

　　除了隨手搜尋所聽到的音樂之外，我在旅行時不會錯過任何可以買音樂專輯的機會，當我累積到很大量的音樂，我還把它放進我課程中做為冥想部分，用音樂來幫大家調頻、定頻、畫人生藍圖、下載人生的三張 X 光片、預視未來的關鍵字……我也在帶團旅行中做為車上的調頻音樂，甚至在 2018 到 2019 上海跨年調頻舞會中大量選用我音樂庫來做曲目，成功帶領了近六百人一起狂歡跨年，可以說是一魚多吃！

　　建議大家隨時隨地收集有靈感的音樂、依主題建立自己的音樂庫之後，平常還可以練習「創造音樂頻率場，開啟創作之流」：拿一張巨大的白紙、多色筆，任選一個自己很有感覺的音樂放出來，最好能在音響效果佳的場域中，針對你現在想要寫的主題，邊聽邊把冒出來的靈感速寫下來，等到音樂結束，再去彙整這些發散的點子，之後再慢慢地拼成一張思維導圖系統，或是濃縮成一碗有濃度的文案湯，這就是很好的創意寫作提煉法。

註2：《音樂欣頻率》，風潮唱片發行。
　　　《音樂超頻率》，以及李欣頻的所有網路課，均由百頤堂發行，諮詢請寄
　　　郵件到：百頤堂1308222000@qq.com，
　　　並請副本到leewriter1010@gmail.com

課後練習

用音樂激發創作靈感

■ 隨時隨地收集有助靈感的音樂、依主題建立自己的音樂庫，有助於維持固定的頻率場，維持寫作風格的一致性。

練習題

■ 拿一張白紙、多色筆，任選一個自己很有感覺的音樂播放，針對你現在想要寫的主題，邊聽邊把湧出的靈感速寫下來，等到音樂結束，再去彙整這些發散的點子。

第五堂課

銜接「愛」的最高頻率，像戀愛般地寫文案、寫作

　　我常覺得文案的威力有時候是大過文學的，因為會大幅度改變最多人的視角，廣告創意人就像能置入別人心腦眼中看世界的超能力者，這是在平時生活中要練習的。

　　很多人問過我，要如何寫出感動人的文案或文字作品，這樣的問題一開始讓我很匪夷所思，就像是問我：「該怎麼愛上一個人，如何打動對方？」是一樣奇怪的，因為愛是很本能的，當你愛上一個人，你沒辦法用頭腦分析自己是「怎麼愛上他／她的」，也無法理性分析究竟是對方的哪些部分吸引了我們，所以我的回答是：先愛上你所要寫的主題、商品、空間或服務，你可以先從你喜歡的部分開始動筆寫。

　　一部文學作品，或是一篇文案，其實就是創作者透過文字在影響別人看世界的方法。我記得有個洗衣機的廣告文案非常經典：「還好，這個洗衣機只洗掉味道，沒有洗掉我對你的記憶。」就是用感情體的方式在寫文案。

我舉自己最初寫誠品書店的例子來說明：記得有一次深夜看完金馬影展後回家，路過誠品辦公室看燈還亮著，我就上樓看到早上跟我一起開會的美術設計還在加班，我問他：「今早開會的文宣，老闆不是已經通過了，為什麼還要再加班？」他回答：「因為我在想，這張海報的底色，是否還要再加 10% 的黃色，還是減 10% 的黃色比較好看。」我很驚訝地問他：「這個很重要嗎？」他說：「是的，因為這張海報會貼在整棟建築外牆，對面小學的孩子們放學後都會經過這面牆，一定都會看到這張海報，這張海報的顏色會影響到他們對於顏色的品味與美學素養……」他的這段話讓我非常感動，原來做為一位美術設計師，他的使命不只有把文宣做出來讓老闆通過，而是他認為自己的作品會影響所有看到海報的人——正因為格局如此不同，他的文宣設計始終很難被超越，因為他對自己每一件作品標準既高又廣，遠遠超過老闆對他的要求。自此之後，我就不再視文案為一份工作，而是一個「我有機會透過這篇文案，讓所有看到的人從此愛上閱讀」的使命。

　　這樣的啟蒙，瞬間轉變了我寫誠品文案的態度，我會刻意在文案中放入幾個冷門作家的名字，即使看文宣的人從沒聽過這些作家，但我相信雖然第一次他不知道這些名字是誰，下次在書店裡又看到時，就會讓他注意到這位作家，等到第三次、第四次，他就會記得這位作家的名字，進而有機會打開他們的書——所以我寫一篇文案的重要使命，就是讓每一個人開始認識藝文藝術圈的優秀創作者，無論他／她是作家、畫家、建築師、音樂家、導演……讓每個看到文宣的人，有興趣開啟並發現更廣大的世界，而不再只是熟知演藝圈的偶像、追捧明星而已。

另外還有一個我跟誠品的小故事也想分享給大家：當時我還不是誠品書店的文案，我以一個讀者的身分在誠品書店想找一本書，我到服務櫃台詢問時，這位櫃台人員起身帶我去那本書的面前，跟我指出還有哪些書也是同一位作者寫的，甚至很開心地跟我說還有哪些作家影響了這位作家……我當天本來只打算買一本書，後來我扛了二十多本書離開。其實她只是櫃台服務人員，並沒有業績的壓力，只是因為她太愛書了——我非常欣賞誠品書店工作崗位上敬業的員工，他／她們如此熱愛書，並且毫不吝嗇地把這股熱情感染給身邊的人。如果整個公司氛圍凝聚每一位員工都喜歡做這件事情，比方書店的員工都喜歡書，或是做網路平台內容的人非常喜歡跟別人溝通交流，那麼這個公司就不需要老闆嚴格管理，因為每個人的熱情自然吸引消費者好感，當你帶著談戀愛的心情來享受寫文案情書的戀愛過程，只要感動自己，才可能感動別人。

　　也就是說，如果你能夠放大眼前工作的影響力，將它「使命化」，這份工作就變成了你有趣的生活方式，瞬間變成了你神聖且偉大的天命，此時此刻就有很大的動機動力、時空深度、格局氣場在作品其中。你現在可以每天選一個你喜歡的商品或店家為它寫「情書式」的文案，透過你的平台宣傳這些好的商品或店家，讓你強而有力的宣傳力形成「良幣驅逐劣幣」的影響力。舉例來說，如果你用到一個很好的品牌或商品，或是吃到很棒的一餐，或許他們的文宣做得不怎麼樣，但是你有能力把美好的體驗寫成一篇很好的文案放在粉絲頁裡，也同步發給店家老闆做為他們的新文宣，幫忙這店家活下來，讓你得以繼續享用這個品牌或商店，不會被別的不好但影響力大的品

牌店打敗。況且如果你寫得好，老闆喜歡，自然就能接到很多案源，寫文案就變成你有使命的兼職或者是正職，你的文案作品集也能瞬間帶你「量子跳躍」到作家這條路。

此外，可以每天練習用一個正在熱戀的人的心情來過今天：早上帶著愛的感覺起床是一種什麼樣的狀態？然後用戀愛的方式來刷牙、喝咖啡、果汁或豆漿，包括愛上你所遇到的人事物……你用這樣的心情靈感寫日記，於是你也就能接上「文案情感泉源」。舉我以前寫過一本書《愛欲修道院》，裡面就是用戀愛體寫了一整年的日記：「**文明才剛開始，我想和你創造文字、音樂和鼓聲，請你也來列我們的天地清單，讓我們一起孵成沒有雜質的文化，無窮無盡。我們可以活好幾輩子。或許我華麗而繁複的文字，會一夕之間變成簡樸，我的話簡單到就是我的意思。你原來迷戀我的繁華將逝，我的文字不再迂迴影射，你不須藉著我的文本聯想我、翻譯我。你從我的文字迷宮走出，開門進入我最直接的心靈環場，善於推理的你，可以甘於如此平淡的解讀路徑嗎？**」像這樣的一段文字，非常適合來描述一個書店的咖啡藝文空間，或是一個網路聊天軟體，讓你與情人可以互相張貼親密圖文、心得體悟等等，或是可以寫日記給未來的情人，讓對方以後遇到你，還有機會參與你過去的生活點滴……這些就是平常就可以寫下來的靈感，這樣的思考練習很重要，培養你往後看到書或電影時同步思考：如何將這樣的文句情感概念變成哪些類型的文案？適合放在什麼樣的商品、服務或是空間上？這就等於開啟「廣告創意文案」的平行世界思路，讓你隨時取用這些點子。

我再舉一個大家現在可以實練的例子，這是我在《愛欲修道院》裡面的一段文字，大家邊看邊想一下這段文字適合放在什麼樣的商品上面：「你有著我無窮的想像力還不夠？我可以扮演你想要我扮演的，讓你耽溺在看不完的貌相裡：如果你要情人我就是情人，如果你要家人我就是家人，如果你要孩子我就是孩子。我可以是男孩也是女孩。我已經畫好了我倆的一統輿圖，四方經緯交給你來畫。我已照我的想像畫生了珍異百獸，物種子裔由你來繁衍。我已定了新的天候時令，曆法祭儀由你來設。我已定朝夕，你來定時刻。我已定方圓，你來定度量衡。我已畫圖騰信仰，請你定人間律法！我已安排天雷地動，各地方言由你來傳述。我已開天闢地，請你定百官體系。請你找史巫收集我和你的神話、傳說、野史軼事，請按時記事，讓他們從我們開始寫歷史。我已政教合一，請你找世襲傳承。因為你主宰全天下一半的血源，我不再問世事！」你可以把這段文字做什麼類型的文案嗎？比方適合情人遠離塵囂的度假別墅，讓他們享受兩三天只有彼此的蜜月……只要把自己丟進戀愛的氛圍中，就會寫得既甜蜜又易感。

　　我寫過周生生集團點睛品，這篇就是以一對久別重逢的情人，他們第一次見面時那種悸動的情緒來寫的文案：

我把我們不在一起的365天日子，買回來！

　　我們不是說好，要到太麻里一起看千禧年的第一道曙光嗎？你卻缺席了。

我們錯過了一生只有一次，2000年送給我們第一道陽光的感動。接著，我們錯過了陽明山的魚路和春天的杜鵑，錯過了夏天的雞蛋雪花冰和北海岸的浪，錯過了玫瑰盛開、蠟燭點滿幸福的情人節，錯過了秋天奧萬大的楓葉，還錯過了你的笑容。

　　那天走在路上，看到你戴上我第一次情人節時送給你的裸鑽，心裡很激動。你知道嗎？像我這種一輩子沒進過珠寶店的男生，第一次有多掙扎：我不知道你確切身高、你的喜好、你的尺寸，但我一直在店裡找和你身形相似的售貨小姐。我挑了一顆鑽石項鍊請她戴上，想像你戴上時鑽石垂落的高度，會不會正好對著我心跳的位置，這樣我們在擁抱的時候，鑽石就可以同時記住你的體溫、我的心跳，傳達我們意在不言中的感動。

像這樣的一段文字，其實是我有一次逛珠寶店時，看到有個男生在跟售貨小姐說他不知道女朋友準確身高，但他想買一條項鍊送她做為驚喜，於是他就找一個身高相仿的售貨小姐，請她幫忙戴上試試看——這段畫面讓我印象很深刻，所以就選來做為我寫文案的主題故事。

當我以這個畫面做為文案開場後，我開始動用「回溯聯想法」來想像一下，這個畫面之前他們的故事情節可能是什麼，於是我就轉為「電影導演」的身分開始為他們編愛情故事：「這個男孩和女孩分手將近一年，後來這女孩子找他復合。」然後我再把「鑽石項鍊」置入進文案故事軸中，所以這篇文案的第二段是以男孩的心情來寫，當與這個女孩分開後，他是怎樣過他的獨身生活：

「我已經習慣一個人吃飯，一個人走過我們曾一起走過的街道，一個人自言自語，一個人旅行，一個人想你。直到昨天，你哭著打電話跟我說項鍊掉了，我知道，我一個人生活的習慣又要改變。

我打開撲滿，那是我們分手後，每天把該請你吃飯的錢、準備帶你去看日出的車錢、看電影《鐵達尼號》的錢、想為你買生日禮物、買情人節花束的錢、為你準備去旅行的機票住宿錢……都幫你先留在裡面。我把這些錢，去買了一顆愛情克拉不變，長度也一模一樣的鑽石項鍊，我想把我們不在一起的365天日子買回來，包括那顆錯過的日出在內。

我說，項鍊在我這呢，回來拿吧。」

我在寫這段文案的時候，其實是先看到整篇故事在我面前上演。也就是說，如果你要寫一個有感情、有劇情的文案，應該要像是看一部微電影的方式在眼前看完，把所有看到的畫面寫出來，然後再巧妙地植入商品進到這個故事情節裡，看它扮演什麼樣關鍵性的角色？

做為一個文案，很多靈感是來自於生活情感獨特且深度的體悟——其實我有比文案產出量多上千倍的靈感庫，對我來說，寫文案只是我創作文學的副產品。從現在起每天練習對你所愛的人、事、物寫情書，包括記錄所有藝文電影劇情、書的句子、或是生活中目擊到的現場情事，這就是你非常飽滿的文案靈感庫。

課後練習

▌ 如何寫出打動人心的文案？

■ 要愛上你所要寫的主題、商品、空間或服務，從你喜歡的部分開始動筆。當你帶著談戀愛的心情來享受寫「文案情書」的過程，先感動自己，才可能感動別人。

▌ 練習題

■ 用一個正在熱戀的人的心情來過一天：帶著愛的感覺起床是一種什麼樣的狀態？然後用戀愛的方式來刷牙、喝咖啡、果汁或豆漿……每天練習對你所愛的人、事、物寫情書。

如何精進寫作武功？

前面我們以五堂課教大家怎麼站樁，灌入創意真氣，很札實地建立好優質的文案「寫／血」統之後，我們即將進入這十四堂課的第二階段：如何精進實練寫作武功呢？包括如何構思一篇文案的主視覺、主概念？

如何下筆書寫一篇有視覺感的文案？怎麼寫標題？

怎麼轉型創意文案到其他的項目？

第六堂課

第一式：如何構思文案的主視覺

　　我們在第一堂課〈以非讀者、觀眾、消費者的角度來看書、電影、空間內建多元、多維度的創意感官系統〉提到，如何內建多元多維度的創意感官，當你在表述一個概念，別人腦袋能同步出現畫面，這樣的文字才有時空劇情、生命景深。接下來我們再把「文案即視」的武功更上一階：如何先在腦袋裡造出夢空間，然後下載「栩栩如生」的文案？

　　我想跟大家分享的案例，是我在大學四年級應徵誠品書店文案時，面試官要我寫一篇《誠品閱讀》雜誌形象文案，當時就因為這篇應徵文案被面試官青睞後，我就成為誠品書店長達十多年的特約文案。也就是說，這是我文案史上非常重要的一篇，如果沒有這一篇的話，我就不會成為廣告文案了。

閱讀者的群像[註3]

> 海明威閱讀海，發現生命是一條要花一輩子才會上鉤的魚。
>
> 梵谷閱讀麥田，發現藝術躲在太陽的背後乘涼。
>
> 佛洛伊德閱讀夢，發現一條直達潛意識的秘密通道。
>
> 羅丹閱讀人體，發現哥倫布沒有發現的美麗海岸線。
>
> 卡繆閱讀卡夫卡，發現真理已經被講完一半。
>
> 在書與非書之間，我們找尋各式各樣的閱讀者。

「海明威閱讀海，發現生命是一條要花一輩子才會上鉤的魚。」為什麼這段文字會做我文案開場的第一句話？我想說的是：誠品書店與其他書店在書的本質上沒有任何區別，差異只在擺設的空間不一樣，這個氛圍引發同樣在看這本書的人，有很不一樣的感官感覺以及很不同的閱讀體驗。所以我用「海明威閱讀海，發現生命是一條要花一輩子才會上鉤的魚」來表達：如果我跟海明威同時在海邊看老人很辛苦在釣魚時，我腦袋裡想的是：他釣的是什麼大魚？這個魚可能有幾斤重？釣上來後是紅燒還是清蒸比較好吃？海明威在海邊看到同樣這一幕，他想的是：老人需要釣上這條魚他才有食物可吃，大魚也必須要掙脫這個魚鉤才能活，這兩個生命都在為自己的生存奮力地拉扯搏鬥——海明威把一般人的「晚餐選擇」，昇華成「人與大自然的生命奮鬥史」，這就是眼光深度之別。所以當一個書店能呈現出非凡有景深的空間場景，那我們看到同一本書的思考維度將有天壤之別。

這篇文案的第二句話是：「梵谷閱讀麥田，發現藝術躲在太陽的背後乘涼。」這句文案要呈現的概念是，同樣身處在大自

然，一位畫家以感官畫筆帶我們走進很深的人生思考：梵谷看到麥田、看到風、看到麥稈搖晃的動能，看到太陽背後珍貴的藝術靈光……他可以看到一般人看不到的時空溫度與顏色能量的流動，這就是他的畫非常特別的原因，你站在他的畫面前，你彷彿可以同步感覺到風、感受到太陽的熱度、聞到麥田的香味；但是我們在經過麥田或是稻田時，我們有沒有辦法去體驗每一畝田背後強大的生命力，還有源源不絕的動能？

為什麼海明威閱讀海，與梵谷閱讀麥田，中間都要用「閱讀」兩個字？其實簡單來講應該是「海明威看海，梵谷看麥田」，但是這篇形象文案是針對《誠品閱讀》雜誌而寫，所以當我用「閱讀」兩個字來取代「看」這個動作，就瞬間為這篇文案注入了專屬的動詞，而且「閱讀」海、「閱讀」麥田，跟「看」海、「看」麥田就是不一樣。因為「看」是很表面的看，但「閱讀」是很深度的、用自己的生命在看另外一個生命，就像你以讀一本書的方式在讀海、讀麥田、讀生命，這就是我用「閱讀」來取代常見常用的動詞「看」的原因。也就是說，如何在此商品或服務空間中找出這篇文案的專屬動詞是很重要的，就像是一部小說、一本書、一個書店，它的動詞可以用「閱讀」兩個字，但如果是一輛跑車或者是一雙球鞋，就可以用「跑」來做為速度傳遞的專屬動詞。

這篇文案的第三句是：「佛洛伊德閱讀夢，發現一條直達潛意識的秘密通道。」每個人都要睡覺、都會做夢，可是為什麼佛洛伊德會把做夢這件事，當做是可以深探全人類潛意識的秘密通道？他比一般人想得更深更廣，而且有繼續探索的好奇

心，但我們一般人做夢很難想到這麼多，這就是同樣的事，不同的人的深度會看出不同的結果，就像是一顆蘋果在你面前掉下來，你可能不會聯想到這跟地心引力有什麼關係，而可能只想到：這蘋果熟了沒？可不可以吃？這就是一般人與這些創意家們思考深度的不同。也就是說，看一本書並不是最重要的事情，怎麼看才是關鍵重點，所以我用這樣的概念來寫一個書店，意思是：書本身不是重點，是什麼人進到這個書店，用什麼方式看書才是最重要的。

繼續剖析這篇文案的第四句：「羅丹閱讀人體，發現哥倫布沒有發現的美麗海岸線。」這句話的靈感來源是因為我看過一部電影《羅丹與卡蜜兒》，當羅丹在為他的女學生情人卡蜜兒做一個背部塑像時，即使他們倆已經認識很久，他撫摸她背部的那種神情，彷彿是他第一次碰女人的那種悸動與專注，這樣的雕塑才能記住最原始的感動——所以我想藉著這個深情款款的畫面來表達：羅丹在探索卡蜜兒的身體時，就像是哥倫布發現新大陸那樣的興奮，但他又比哥倫布多了「美」的震撼發現，所以我改用「美麗海岸線」來比喻卡蜜兒深奧且迷人的曲線。但如果我寫的是「羅丹摸卡蜜兒的背，發現哥倫布沒有發現的美麗海岸線」，那就不一樣了，因為「閱讀」跟「摸」又是不同的概念，「閱讀」是帶著心、帶著情感深度，而不只是一般膚淺的感官觸摸而已。

文案第五句：「卡繆閱讀卡夫卡，發現真理已經被講完一半。」卡繆與卡夫卡兩位都是哲學家，當一個哲學家閱讀前一位哲學家的哲思或是理論時，發現原來真理已被講完了大半了，但也

因為透過知識智慧的傳承，讓下一位哲學家能夠站在前一位巨人的肩膀上，看到更遠的世界。也就是說，書的內容絕對不是拿來死記或背誦，當我們看書，就是藉著有創意、有深度作者的「眼窗」，在字裡行間為我們開啟了很多的視窗，為我們展開截然不同的生活風景，當我們「閱讀」，就讓我們能夠從平淡無奇的生活中看到新視野的光芒。

這篇文案的最後，也是誠品書店當時給我的制式 slogan（標語）：「在書與非書之間，我們歡迎各種可能的閱讀者。」當時我一看到這句話，我先在腦海中看到畫面：「一張披有紗簾的四柱床漂浮在海上，像是一艘船，有人斜躺在上面看書，像是在船上釣知識智慧的魚，外圍有浩瀚無邊的海景，陪伴他完成心裡一層一層的擴充與蛻變。」所以我想用這樣的畫面來做文宣主視覺，可惜當時交付印刷的期限很趕，美術人員來不及把這麼複雜畫面做出來，而且書店也沒有額外的預算能完成這樣的拍攝或後製，所以我就把腦中的畫面用文字的方式寫下來。

　　構思一篇文案主視覺的前提，就是要建立有個性的動詞，一旦動詞用的對，就能畫龍點睛般地讓整篇文案活了起來。今天開始你可以練習為自己想開的店、或是你喜歡的店，寫一篇很有視覺空間感的文案，如此每天鍛鍊第一式，就能夠隨手調度出鮮活的主視覺，輕鬆地寫出靈動的好文案。

註3：〈閱讀者的群像〉引自《廣告副作用：藝文篇》，暖暖出版社。

課後練習

■ 如何寫出有視覺感的文案？

■ 在此商品或服務空間中找出專屬於這篇文案的動詞是
很重要的，首先要建立有個性的動詞。例如一部小說、
一本書、一個書店，它的動詞可以用「閱讀」兩個字，
但如果是一輛跑車或者是一雙球鞋，就可以用「跑」
來做為速度傳遞的專屬動詞。

■ 練習題

■ 為自己想開的店、或是你喜歡的店，寫一篇很有視覺
空間感、且有自己專屬動詞的文案，每天鍛鍊，就能
夠隨手調度出鮮活主視覺的好文案作品。

第七堂課

第二式：如何找到靈魂與個性

　　這堂課想要來談談如何幫某家店的空間、服務、或是你想寫的商品，找到文案主要的靈魂個性，只要你有辦法發掘並以文字創生出它們的性格脾氣，寫出來的文句就很容易產生共鳴與記憶。

　　用一篇我為誠品商場忠誠店寫的開幕文案來講這個概念：這商場位於台北天母忠誠路上，我自己從四歲起就住在這，所以我對忠誠路有特別深厚的情感。我還記得四歲時忠誠路上都是稻田，小時候還經歷過踏著田間小徑去上學的時光，但現在不一樣了，忠誠路上從開頭、中段、到最末段，分別是天母SOGO、高島屋、新光三越三大百貨公司，還有各大銀行、名車、名牌都密集在此，如果我要跟幼稚園同學約在當年一起玩耍的某一棵樹下，現在早就找不到蹤影了。所以這條路被命名為「忠誠」就很弔詭，因為它一點都不忠誠，沒有一個維持十年以上的地標或路標，讓我可以回到過去找到當初約定的地

方，忠誠路一點都沒辦法忠誠；加上忠誠路要開這家商場，商場本身就是一個變化性很快的空間：這個禮拜換季，上禮拜你所看到的商品就再也看不到……所以商場裡的流行本身就不是忠誠的。

更有趣的是，這商場預計在秋天開幕，秋天又是四季中最「善變」、最「不忠誠」的季節，可能中午很熱，到了晚上就變冷，你沒有辦法琢磨秋天的溫度與脾氣，所以在忠誠路上秋天開一家商場，可以玩的就是忠與不忠的概念，不忠是指對於流行本來就沒辦法忠誠，因為流行不停地在變化。

當我想到「忠誠」跟「不忠」的概念，我腦中第一個跑出來的就是夏宇《腹語術》，這本詩集裡有一段「忠與不忠」的詩我非常喜歡：**「多麼好啊！我終於找到一個主題叫做不忠……對他們五個不忠……如果能夠愛上第六個人，就可以分別減輕對他們不忠的程度。我認為不忠有一定的量，隨人數的增加而減少……到底要對多少人不忠，才能徹底地不感覺到不忠呢？」**夏宇很詩意地認為，「不忠」是一個固定量，對越多人不忠，那麼每個人感覺到不忠的量就會變少，這其實是一個非常弔詭且矛盾的思考：當你對越多人不忠，豈不就更不忠誠了嗎？但是他用這個詭辯藉口來幫「不忠」創造更多的不忠，所以我用這個有趣的概念來玩「忠與不忠」這個主題，並延伸出更深度的思考：我們到底要對什麼忠誠？對什麼不忠？而不忠到底有沒有一個合理的理由？當我以忠誠與不忠來寫這一系列忠誠店文案時，就寫出了既矛盾又有趣的對應與拉扯。

案例一:誠品忠誠店試賣文案:

關於忠誠與不忠

氣溫是善變的,情緒是善變的。

女人是善變的,色彩是善變的。

食欲是善變的,口味是善變的。

愛情是善變的,關係是善變的。

流行一樣不忠,秋一樣善變。

對於善變的流行,一向忠心耿耿:

對情人忠誠。對流行忠誠。對思想忠誠。對欲望忠誠。

天母流行租界區中,一個多種族消費的流行熱潮正在蔓延。

所有關於服飾的、生活的、美食的、書本的、視聽的,

過些日子,誠品天母忠誠店裡你都可以找得到。

　　依續忠誠與不忠的概念,誠品忠誠店的秋特賣也可以搭著這個主題:忠誠路上,秋是善變的——在秋天善變的商場裡會是什麼樣貌?投射在消費者的身上會呈現出什麼樣的個性?我自己就是一個非常善變的人,但我也是誠品的愛用者,所以對我來說,我把自己善變的個性行為,投放在這篇「忠誠路上,秋是善變」的文案裡,於是我不是在寫一個商場的善變,而是在寫一個人的善變,來呼應秋天的善變、商場的變化多端,讓這篇文案變得有脾氣,彷彿它是有一點難搞的人。我在寫這文案的時候,其實我是在描述自己。

案例二：誠品忠誠店秋特賣

忠誠路上・秋是善變的

點了麵想改吃江浙菜。

咖啡來了，其實想要的是冰桔茶。

這兩句話就是我的真實寫照：經常點了麵，看到隔壁叫的是排骨飯，我就問老闆：我的麵煮好了嗎？如果還沒有，我想改點排骨飯！等到看到另一桌點了豬腳麵，我又跟老闆說：如果你的排骨飯還沒弄，我想改點豬腳麵……或是我點了咖啡，看到別人喝熱桔茶，又突然想改成桔茶，變來變去，可憐跟我同桌的人都沒點菜的機會，因為我會幫大家把各種菜色都點了，因為我每一樣都想嚐一點，這就是我善變的個性——所以在寫這篇以秋天善變為主題的商場文案時就特別得心應手，所以建議大家每次寫文案的時候，先去找到一個自己寫起來很過癮、客戶看起來也很新奇的點，只要找到那個刺到你自己也刺到別人的點，就能夠打通任督二脈，很暢快淋漓地去表達這個概念，這樣的文案就能自嗨嗨人。

裙長為了流行老是朝令夕改。

我以前看過一則新聞：裙子的長度與經濟景氣有奇怪的對應關係，經濟景氣的時候流行的是迷你裙，經濟不景氣的時候，女人穿的裙子就變長了，所以裙子長度不只是為了流行朝令夕改，有時候還會因為經濟景氣而有變化——平常走在路上的觀

察會知道現在到底在流行什麼，有時候自己的觀察甚至比大數據更能一葉知秋。

> 心情變了，連手紋都轉向。
> 頭髮長長短短見異思遷。
> 萬聖節隔著面具可以六親不認。

有時候某個人心情突然變得很好，非常積極正面，有的時候卻非常沮喪，變得很悲觀厭世。所以心情變了，手紋命運也會跟著轉向。心情好時，留了長髮就覺得自己特別嫵媚；心情不好，可能就負氣剪個短髮，每個人髮型髮色的變化，也代表不同的角色形象。

透過一個節慶，戴上面具就換了一張臉，把原來的個性換掉之後，解放出那個被壓抑的自己──關於面具的電影非常多，比方庫柏力克的《大開眼界》，還有《天上人間》是用面具來呈現這個人的各種各樣靈魂。面具有很多的想像，代表著不同面貌的自己，這就是為什麼在「善變」的概念中可以放進面具的元素。

> 軍大衣今年改為女性授階。
> GUESS決定不和舊習慣妥協。
> 鳥走失了，改養一隻Teddy Bear。
> Esprit說下一件衣服會更好。

那一年流行的是女性軍大衣，讓女性有一種武裝，很帥氣的樣貌。

天母忠誠路上‧秋善變‧人心思變。
誠品忠誠店，全館秋品隨機應變，
秋意新鮮特賣中。

這些都是繞著善變的主題來寫的，所以寫文案很好玩，像是導演一部電影，隨著想像力舖陳一幕幕的畫面。

當時誠品忠誠店裡有書店、名牌精品、服裝、美食……等到裝修快完成時需要樓層命名，我也順勢用同樣的風格幫每一個樓層寫定位文案。

案例三：誠品忠誠店各樓層定位文案：

知識效忠館

衣服是身體的文化，你手上的書，是腦袋的文化。
魅力來自知識的首度引用權，在書店找最新的流行情報，
是這個時代「書妝打扮」的絕對手段。

在這段文案中，「書妝打扮」我用的不是慣常用的「梳」，而是用書本的書，意思是我們用書來為自己打扮外貌，美麗自己的內在心靈。

精品效忠館

在一座不常跟自己溝通的城市裡，
春夏秋冬穿同一個設計師的衣服，
是一種最快自我認同的方式。

收集和衣服同一品牌的

耳環、項鍊、化妝品、皮帶、鞋子……

是對所愛的設計師品味，全面而絕對的忠誠。

然後到咖啡廳的落地櫥窗旁喝下午茶，

同時在欒樹道上展示你的新衣裝。

這一層在賣時尚商品，我把它定位成精品效忠館。其實這段文案的意思是：我們很善變，但有時候又很固執，很堅持某一種品味，到後來年紀越來越大，就沒辦法再換設計師，因為已經習慣了某一個品牌，不敢再冒風險。這也是呈現從「不忠」到「忠」之間一種年齡性格的變化。

名牌效忠館

名牌貴在獨特，貴在驚艷，貴在價值，而不是價錢。

你對秋天的浪漫期望值，

可以在一件楓紅色的風衣上得到滿足。

想要在會議桌前展現權力，

你不能忘記一件最具群眾魅力的喀什米爾高衩長裙。

在寫每一個樓層時，我必須要清楚每一層主要賣的品項是什麼，然後怎樣讓它緊扣在「忠誠」這個商場主題裡，呈現出它獨特的精神，而且還要注意不要偏離整個主題的軸心。當時忠誠店有一個樓層專賣名牌，我把這層定義成「名牌效忠館」，並把自己當成消費者，虛擬一下自己是怎麼進到這層空間，會堅持找某一品牌的物品究竟是為了什麼？什麼是我好不容易形

成且難以改變的習慣？哪些是我個性化的決定？當我買了衣服或是配飾後，我接著會去做什麼？比方我可能會在旁邊的咖啡廳喝下午茶，向我的好友展示新衣服，或是回到辦公室去展現自己的新魅力……這些畫面就像看微電影一樣邊看邊寫。

還有一層是美食區，我把它定義為「美饌效忠館」。當一個美食街在一般的百貨公司中，與在誠品商場裡，會呈現不一樣的風格氣質，因為誠品是一個書店為核心精神的商場，所以它的美食區應該要帶一點書卷氣，我在寫這一段文案的時候，大量去找很多服裝設計師的傳記故事，看看他們喜歡吃什麼，用他們對美食的偏執，來隱喻大家來這裡可以吃到水準高的美食。

美饌效忠館

凱文・克萊出現在比弗利山坎農路上，不是為了女人，
而是一盤螃蟹沙拉。
聖羅蘭只要一想起俄式夾山煎餅的味道，幾分鐘之內，
人就在瑪德達大道上，大快朵頤。
設計師堅持某種獨特的風味，
就像你會在某個品牌專櫃待上半天，樂此不疲。
這裡所有會上癮的美食，
都是讓你出現在忠誠路上的各色理由。

延伸夏宇《腹語術》的概念，所謂「忠誠」的定義，只是將「不忠」不停地開平方根，不停地分裂給更多的對象，就像任何數字不停地開平方根，第 26 次的結果永遠是 1 的永遠忠

誠——如果你想要寫一個商品、商場空間或是某一種服務，只要想出它獨特非凡的靈魂個性，然後精確地將這個特質提煉出來後，所有的文案都繞著這個核心走，完全專注地表達出這個主張來，但要注意這個核心必須要夠深度且記憶點深刻，甚至能跨越時間空間，這樣就能很快速地說服客戶，也能啟發消費者去思考另一個有創意的面向。

課 後 練 習

如何寫出容易引起共鳴與記憶點的文案？

❶ 每次寫文案的時候，先去找到一個自己寫起來很過癮、客戶看起來也很新奇的點，只要找到那個點，就能夠打通任督二脈。

❷ 寫文案就像是導演一部電影，隨著想像力舖陳一幕幕的畫面，邊看邊寫。

❸ 針對一個商品、商場空間或是某一種服務，思考它獨特非凡的靈魂個性，然後精確地將這個特質提煉出來，接下來所有文案都繞著這個核心走。

練習題

■ 某家百貨公司有個專賣名牌的樓層，請把自己當成各性別、各年齡、各職業身分的消費者，當你進入這層空間，堅持找某一品牌的物品是為了什麼……多版本、多維度練習，並記到你的文案靈感筆記本中。

第八堂課

第三式：如何下標題，或是命名？

　　廣告文案這個工作現正在轉型，如果廣義來看，廣告文案實際上應該是所有人必備的能力，因為在網路上每一個人都是表達者，都是寫手。當人們在資訊太多的時候沒辦法看太長篇的東西，只能看很短的內容，甚至一眼看個標題就決定要不要往下看，所以網路媒體的寫作繼承了文案短而精煉的特性，必須以短兵相接的幾個字、或是一張風格強烈的畫面來吸引眼球，進而形成賣點。

　　標題是整篇文案的靈魂，在資訊爆炸的時代更顯重要，好的標題就決定了大家是否要繼續看下去，標題成功就能輕鬆夠吸引大家的注意與好感，整篇文案就贏了百分之九十。如果一本好書、一部好電影、一個好商品、一家好店面、一個美女……但卻有了不吸引人的名字，那就等於是把鑽石埋在土裡，暴殄天物。所以我每寫完一篇文案，通常會構思兩到三個完全不同的標題，來問身邊人的反應後再斟酌決定。

能提煉出快狠準的標題就非常關鍵。我以這個網路上流傳的故事為例，來說明標題、命名有多重要：有一間平常人不多的戲院，有一天門口掛了一個牌子：今天播映《一個女人與七個男人的故事》吸引了非常多人前去觀看，結果大家一坐進去看到的電影是《白雪公主》；第二天戲院門口又掛了一個牌子：今天播映非《白雪公主》之《一個女人與七個男人的故事》，結果大家進去後看到的電影是《八仙過海》，可見電影名幾個字就決定了票房。

還有另一個網路上的例子：有一個盲眼乞討者，在路邊放了一個牌子「我瞎了，請幫助我！」幾小時後他僅得到了少許硬幣，後來有一個人幫他把牌子上的字改成「今天的天空一定很美，可惜我看不到。」於是碗內叮叮噹噹地很快就裝滿零錢——同樣的內容，只是因為標題不同，大家被吸引或是感動的程度就不同，可見標題、命名對於市場銷售成敗有著非常關鍵性影響。接下來我跟大家分享「構思標題」的幾個小方法：

方法一：收集電影好的金句，做為標題句型的參考

平時我會收集好的電影金句，做為臨時想文案標題的參考：

(1)《驢得水》：「講個笑話，你可別哭」，光聽這八個字就很有感覺，或許這個笑話是帶著心酸、帶著淚的，但現在可以笑著說過去哭的事，所以這八個字會讓我對這尚未看過的電影有個想像，這可能是一部很深刻在講人生的故事。

(2)《山河故人》：「每個人只能陪你走一段路」，光聽到這句話，就開始回想過去有哪些人只陪自己走了一小段路，所以好的文案金句會讓看的人想到自己的經歷。

(3)《左耳》：「愛對了是愛情，愛錯了是青春」，這句話大家看了也會有共鳴，自然而然地會想起自己過去哪些人是愛對了，哪些人是愛錯了。

(4)《我對你的愛一言難盡》：光聽到這個片名就有很多的想像，開始投射出過去對愛的所有故事角色與情節。這部電影裡有幾個金句：「出軌，只是證明自己很孤單，並不能擁有什麼；出軌只是為了找另一個自己，並不是找另外一個愛人」，把「出軌」這個在新聞上很常見的事件，以非常深度的心理學來詮釋這件事。

(5) 印度電影《巴拉旺大飯店》：「自由的靈魂沒有名字，再怎麼貧窮都會穿著美麗的紗麗，回到你想回去的地方」，這個句型也可以把它改編成服裝品牌的文案，例如：「自由靈魂的名字是香奈兒，當你不開心的時候，隨時可以穿著美麗，回到你想回去的地方。」

(6)《奇異博士》：「我只看到你的可能性，無法看到你的未來」，這兩句話很適合做為跑車的廣告，表達的是：跑車給你的速度讓你的可能性變多，但要走哪個方向，方向盤是由你來決定的。

(7)《女王與知己》：講的是一個印度侍衛跟英國女王之間的

情誼，當他們看到正在編織地毯的過程。這侍從說：「地毯就像是我們的人生，我們鑽來鑽去也織成了人生。」隱喻著我們也正在用生命時間編織人生地毯。

(8)《練習曲》：「有些事情如果你現在不做，以後就不會再做了。」這句話打動很多犯了「夢想拖延症」的人，讓他瞬間頓悟並起身行動，這就是一句很成功的電影標語。

這些在電影裡出現的佳句，你都可以隨手把它寫下來，因為每個句子都代表著這部電影為你開的一扇新視窗、新的詮釋人生的方法，讓我們用很深度的方式體驗多版本的人生。

我舉自己寫的三個以電影為靈感的文案作品來示範：

案例一：婁燁《蘇州河》電影文案

等一個愛人，要花多少時間

我們總在很不小心的時候，掉了很重要的情人，
之後得花好幾十年的思念找她，
然後一起死或一起老。

這是發生在上海蘇州河的愛情故事。
情節路徑複雜，藉著一個在記憶中走失的美人魚，
在上海的街弄河畔，
談機遇、命運、忠貞、永恆、生死與相不相信的問題。

這就是我在看完電影《蘇州河》之後提煉出來的句子，也希望大家在還沒有看電影的情況下，聽了這幾個有感覺的句子後會想要去看這部電影。

案例二：誠品書店七周年慶〈拋開書本到街上去〉

當一個品牌或是一個企業超過一年之後就會舉辦周年慶，就像是過一年一度的生日，所以周年慶是很重要的。誠品書店七周年慶時他們想要辦一個盛大的封街慶生活動，打算邀請許多藝文團體以音樂、舞蹈、戲劇、文化佔領誠品敦南店旁的安和路，當時影展有部日本導演寺山修司的作品《拋開書本到街上去》，它的劇照是一張寫滿書法字的床單鋪在馬路上，尋歡的人躺在上面盡情享樂。當時這個電影名字很吸引我，所以決定用這個書名來做為整個活動的包裝，也剛好符合他們封街的意象，而我也「預視」到他們封街之後慶祝的畫面：整條街兩側房子陽台上掛的都是有字的床單或衣服，整個街道家具都寫滿了各式各樣的詩詞、散文、小說片段，就像是所有的文字都從書店裡面跑出來，占領了整個街道──「拋開書本到街上去」並不是代表不要看書，而是呼籲大家把書放下，走到街上來狂歡、來體驗藝術，因為世界就是我們生活，街就是一本一本交錯放大版的書，樹是城市的行距，街道的名字就像大書之間的字裡行間：櫥窗是資本論，公園是胡塞爾的現象學，紅綠燈決定了車的概率學，廣場是無字的城市歷史，行人是被時間更換的男女主角，玻璃帷幕是一格格權力的競技場。

這個活動名對於一個書店來說就別具啟蒙意義，這才是誠品書店七周年的規模。

拋開書本到街上去

拋開阿莫多瓦的高跟鞋到街上去。

阿莫多瓦是西班牙非常有風格的電影導演，《高跟鞋》是他的電影作品。拋開阿莫多瓦的《高跟鞋》到街上去，也意味著你應該脫下高跟鞋，拋開你的束縛，赤腳走回街上的生活。

拋開村上春樹的彈珠遊戲到街上去。

這是村上春樹的一本書，而這句話的雙關語就是：放掉你手上的手機或是電腦遊戲，到街上去享受生活。

拋開徐四金的低音大提琴到街上去。

《低音大提琴》是徐四金的小說，也意味著放掉你現在聽的音樂，走到街上來聽街道的聲音，不管是路樹的聲音或者是人的聲音，而不要只把自己關在音樂裡。

拋開彼得‧梅爾的山居歲月到街上去。

意味著你也可以離開隱居的生活，到街上去與人交流。

我選這四句話的時候，是刻意帶進文化元素，比方提到阿莫多瓦、村上春樹、徐四金、彼得梅爾，他們都是作家或是電影導演，用他們的作品，來做為呼籲你離開現有的生活，到街上去走進沒有邊界，全然未知的生活大書。

街是開放的、沒有邊界的書，

太陽底下永遠都有新鮮事。

請你暫時拋開書本到街上來，

看舞、看人、看街、看音樂。

誠品書店敦南店新開幕，有一連串節慶在這裡發生，

3月29、30日，音樂、文化、安和路全民活動，

熱鬧的城市，不甘寂寞的夜，當天週六夜晚的紅磚道上，

將舉行70分貝內的抒情舞會，像是一場馬路羅曼史，

提供一個公眾空間，專留你的私人感情。

日以繼夜，逢場作樂（享樂／音樂）

你，準備好手舞足蹈了嗎？

「拋開書本到街上去」這個活動非常成功，當時吸引了成千上萬的人來參與這個活動，許多人的參與，讓那條街在那一天變成了一本很精采的書。

案例三：杯子店的〈杯情城市〉

我引用電影名為文案標題還有另一個例子：當時我要寫一個杯子店的文案，於是我馬上想到的標題就是〈杯情城市〉，是將侯孝賢《悲情城市》的「悲」換成杯子的「杯」，意指有杯子的地方就有感情。在寫了〈杯情城市〉這四個字標題之後，我繼續幫這四個字寫了一段定位的標語（slogan）：**「杯子建築水的形式，水改善人的關係」**，當杯子是圓形時，水就是圓的，杯子是三角形時，水就是三角形，這就是「杯子建築

水的形式」。但是杯子裡裝什麼液體，就代表你跟對方的關係，比方你跟對方喝酒、喝咖啡、喝茶、喝果汁、喝水，交情深淺就完全不同。

方法二：改金句中的一兩個字，變成易記的新標語

記得我在北京大學新聞傳播學院教文案課的時候，我給學生們出了個作業：為企業寫一句強而有力的定位標語（Slogan），當時有個學生寫了搜尋引擎百度的 Slogan：「知之為知之，不知**百度**知」，雖然有十個字之長，但精準到所有人一聽都記住了。我自己也曾想過新浪讀書頻道的定位標語：「學如**新浪**行舟，不進則退」，也是十個字一聽一看就記住了這頻道的特點。我還寫過中興百貨母親節特賣的文案，標題是：「江山易改，**母**性難移」，大家透過這八個字，也就能瞬間抓到母愛的永恆偉大。

我們從上述的例子可以找到寫標題的技巧，就是從文案的身分來看習以為常的詩詞、成語、格言、勵志語、或是金句，看看是否只要改動其中一兩個字，就能把意義轉變成非常獨特的氛圍或是味道，甚至呈現出雙關語或雙重意義，例如我曾經寫過的「台北一遊未盡」、誠品九周年慶文案：9 逢知己、誠品服裝書展：「書」妝打扮、對「日」抗戰（對抗日系品牌、對抗太陽的防曬乳）……或是別人寫的：禮尚「網」來／禮「上網」來（禮品的網路平台）、真「琴」流露、「琴」逢「笛」手（鋼琴與長笛聯合音樂演奏會）、「你不理財，財不

理你（銀行理財廣告）」、享「瘦」美食、我行我「宿」（給自由背包客的民宿，代表走到哪裡就住到哪裡，很 Airbnb 的文案），或是公益類的文案金句：棄「兒」不捨，沒你「救」不行（棄兒救援基金會）、祝妳好「孕」（博愛座讓座），或是在年節裡生肖吉祥用語：「牛」轉乾坤、十「犬」十美、花開結「狗」、「羊羊」得意……平常還可以再想一些更新、更好玩、更有創意的，不一定老是用這幾句。

如何用幾個字很精準地表達品牌或者商品特色是很重要的，我建議大家可以看木心的詩——如果要你用四個字來形容流浪者，你會用哪四個字？木心說：「流浪者，視歸如死」，習於在外流浪的人，把回家當成是要他命似的，因為他只想要一直流浪——我們平常聽到的是視死如歸，可是經他一倒裝之後，就把流浪者的魂，與不安於室的那種頑固，表達得入木三分。

方法三：為電影、書重新命名、寫標語

除此之外，我平常會觀察並收集有趣的電影名、電影簡介、電影預告片，研究他們以哪幾句劇情簡介、哪幾張劇照、或是哪幾段電影預告片畫面，吸引我想去看這部電影，例如：電影《當蝙蝠飛完時》，我一聽到這個名字瞬間產生畫面，感覺好像還有什麼沒說完，所以就被吸引繼續往下看，想探究什麼是當蝙蝠飛完時？什麼情況下蝙蝠會飛完？

一個很有意思的電影名字或標題，本身就是一個吸引人的劇情開頭。我還會練習如何就這幾句簡介、或是這張劇照海報

來自動延伸成影像之後，才會去看電影。等我看完這部電影之後，會再回找出這部影片的關鍵畫面，或是重要的轉折點，然後再從這畫面去提煉出整部電影的主精神來重新命名，並寫下新的標語，以及延伸的兩三句文案／短句影評，讓大家一看到就想來看這部電影——這樣的練習越多越好，能夠讓你快速提煉出最核心的標題溝通點，同時你也有瞬間為這電影換名改運的能力。你可以花幾天整理你有感覺的電影句子，無論是電影的名字或電影裡的對白，之後你看的電影就可以隨手記錄進你的文案靈感庫裡。

同理，我在逛書店或是瀏覽網頁時，也會觀察自己被哪些字句吸引？然後進一步把內容看完後，我能不能提煉出更具吸引力、更精準的標題，讓大家看到這個兩三句話就會想要買這本書、或看這篇文章；或是我在美術館裡看畫，我練習自己看完後為之命名，然後再去看這幅畫原本的名字，藉此鍛鍊自己命名功力——這就是在平時生活隨時隨地訓練自己寫標題的方法。

課後練習

吸引眼球的「構思標題」自我訓練法

❶ 收集電影好的金句，做為標題句型的參考。

❷ 修改金句中的一兩個字，變成朗朗上口的新標語。

❸ 為電影、書重新命名、寫標語。

練習題

■ 在逛書店或是瀏覽網頁時，觀察自己會被哪些字句吸引？你能不能提煉出更具吸引力、更精準的標題，讓大家想要買這本書或看這篇文章？在美術館裡看畫時，看完後為之命名，然後再去看這幅畫原本的名字，藉此鍛鍊自己的命名功力。

第九堂課

第四式：如何建立
全息感官的環境場

　　當我們充分練習如何培養有風格、有畫面感的文字後，接下來更進階的是：如何建立全息感官的環境場。因為文案、或是創作，就是把腦中的想像世界，透過圖文介面栩栩如生地傳輸給消費者或讀者，像是《Inception：全面啟動》裡面那位造夢師，把你創造的「鮮活」空間嫁接到對方的腦平台上，讓別人可以體驗你腦世界的 3D 空間氛圍，當你腦袋裡有這樣的空間後，你就可以用文字鉅細靡遺地描述出來。我以「實體空間」、「電影」、「電玩」的概念來做示範。

實體空間
案例一：把書店平移到大學

　　我以之前為誠品台大店寫的一篇文案，來做為這「如何建立全息感官的環境場」概念的鋪陳。誠品台大店開在知名的台灣大學正對面，意味著它可以扮演「補足」學校之不足的角

色，它可以承載著學校裡所沒有的功能。那什麼是學校裡所沒有的呢？通常我們在念一所大學的時候，所有科系成立可能都超過十多年，甚至於是二、三十年以上的歷史，比方說：數學系、經濟系、政治系、或者是法律系等等，都是行之有年的分科類別，但現在時代已經完全不同了，因為政經科技多變，讓我們對知識有了新的分類方式。麥肯錫一份調查報告指出，2030 年全球大概有 4 到 8 億的工作會被自動化取代而消失，無論是 AI 人工智慧或是機器人，但也將會有 9 億個新的工作被發明出來。也就是說，現在目前有百分之 8 到 9 的工作將來不會存在的，代表將有越來越多舊的科系不再適用於新的時代，現在也已經有許多新的科系，例如：電競系的出現，將來我們每個人都要學會程式語言編寫、3D 列印技術、AI 人工智慧的基礎理論等，所以學校附近的文創區域或是書店，它的概念應該是：還有什麼科系是學校還來不及成立的，在書店裡可以即時形成新的類別。

當時我在寫誠品台大店的時候就在想，如果它是所謂的台大分校，它應該成立哪些現在大學裡還來不及成立的科系？它就像是一個新的知識分類，也意味著新的趨勢預言。你可以狂想一下，如果現在有一所大學針對目前的時代趨勢，要成立至少十個以上新的科系，你覺得應該要設立哪些類別？這樣的思考，有助於將來能夠接軌甚至是創生出未來的知識體系，比方：人生量子學系、情緒管理學系、人機共構學系、心電感應超感官學系、寵物溝通學系……如果你的腦袋處在高度創新狀態，應該每一天至少會有好幾個新的科系從腦袋裡蹦出來，

這些科系是在大學裡目前沒有的，是你自己創新而來的求知體系與類別，針對你的天賦興趣、也針對未來的需要而誕生出來的，你就可以根據這份人生學校的科系清單，為自己做進修的依據，有助於你去重新定義未來新的知識體系。

也就是說，如果你可以把一個開在學校對面的書店想的這麼深廣的話，那麼這篇文案就可以寫得非常大格局。我寫的誠品台大店文案，其實就是一篇誠品台大分校的創立宣言，我直接把想像中但當時還不存在的 33 個科系，寫進文案裡：

誠品台大分校，創立宣言

人造氣候學系。民眾音樂社會學系。原子咖啡學系。挪威森林學系。聲音記憶學系。城鄉互玩學系。網際網路學系。文化勞工學系。神話真理學系。事件劇場學系。耳語感染學系。票房生存學系。時間預言學系。虛擬經驗學系。兒童福利學系。文化家具學系。放射性情緒學系。顏色心理學系。野獸派官能學系。欲望學系。美感殖民學系。食物政治學系。回憶統計學系。世紀末權力學系。文字能量學系。英雄櫥窗學系。蒙太奇運動學系。文化裁縫學系。身體氣象學系。

我以詩意取這些科系的名字時，背後象徵著不同的知識體系，這些體系有混血混種的概念，代表著衝突的趣味，比方：藝術加上科技，理性加上感性，把它混在一起會變成什麼？然後自己再去創造一些新的科系，例如：聲音記憶學系，你可能要研究的是聲音、音樂，還有大腦記憶相關的東西。所有的科技應該都是跨類別、跨界，而且是從來沒有過的混血新品種，未來的時代也是如此，我們應該從自己喜歡的類別，加上社會未來

需要的方向看看會變成什麼？或是我們喜歡的項目加上藝術會變成什麼？只要想像力不被框限住，繼續做很多跨界混血的實驗，就會長出不同的新類別、新工作、新可能性，將來在做自我訓練，或者是做為未來知識體系新分類時，你就有很獨特的觀點。在文案的最後我寫上：

> 1996年6月15日，新生南路上全面解除學術派系疆界，
> 生活軟體上市，智慧流通市場重整，
> 誠品台大分校，歡迎你成為榮譽創始校友，
> 同步承認你的智慧學位！

如果將來你會接手關於文創類的商品、課程或服務，你可以用「學校」的概念來構思這篇文案，用全新的科系類別，或是知識的新混種概念來寫，但這個文案不是瞬間就可以寫出來的，平常都要累積。

案例二：把圖書館平移到書本

要做一個可長可久的文案，絕對不是學幾個技巧就行了，必須要有很深厚且快狠準的文字描述能力，這能力一部分也可以用來寫文案，一部分可以用來做為個人的創作，而且還可以延伸各種各樣的圖文影音形式，就看你的興趣版圖到哪裡，比方說你在網路上寫的文章，或者出版的書都需要這樣的能力。在我接廣東汕頭大學圖書館案子的時候，這棟建築當時還沒有蓋的，是誠品書店建築師陳瑞憲拿著設計圖，請我幫他把圖的概念化成文字，他才好跟客戶提案。他給我的一個重要概念就

是：整個建築從高空俯瞰就像是一本攤開來的線裝書，他在給我看設計圖的時候，本來是平面的，我在腦海裡經過他的描述的同時變成了栩栩如生的 3D 影像，然後我再把這些影像壓縮成 2D 的文字，希望客戶看了這些文字能瞬間還原建築師的立體概念圖，中間這段解壓縮到再壓縮的過程就是平時練習的功力。

這篇文案很自然地就是要用「線裝書」的概念，來呈現圖書館的精神：

向天展頁的中國新文明・廣東汕頭大學圖書館

線裝書是中國書籍裝幀形式發展最重要的一個階段，
藏書家們視收藏經典線裝書為驚奇的志趣。

線裝書以手工將一頁頁的平面知識串起，
以線縫合成了一件智慧的立方構體，
線裝書因此成了中國古文明經典的象徵之一。

整個圖書館是以線裝書的概念來呈現，所以我從線裝書開始破題，以一頁一頁的知識串起來，變成一個立體建築。

於是在中國南方最重要的汕頭大學圖書館，
我們直接取線裝書的意象，
做為俯瞰此案的建築盒體，
象徵這是一本自南方大地生起，
浮在水面半空中，
巨幅向天展頁的中國新文明宣示。

源自東方精神的巨型線裝書盒體，
其收藏全世界知識的野心，
不亞於埃及亞歷山大圖書館——
收集所有被歷史保存下來的先人智慧，
後代的求知若渴者，
進入這個巨幅的知識理路，
採集並交融出新的體悟。

新生的能量，再度由這個線裝書盒流向大地四方，
盒體盒外，百花齊放，眾聲喧嘩。

這個建築就像是一本打開的巨型線裝書，裡面所有的知識智慧
立在花草大地上，人在其中穿梭就像穿針引線一樣。

整個線裝書的建築盒體，採用多層次的細部安排，
透過天窗與天橋，引入光與影、雲與水的自然穿透效果，
迴旋梯與三層高的書牆，閱讀者的動線，
成了穿梭在這巨型線裝書盒的視線軌跡，
亦是一個可被窺見的知識神經網路系統。

走在圖書館裡的人，是動線也是視線，如此比喻就把這個圖書
館的空間寫活了。

有趣的閱讀與藏書巨盒體，
讓書與閱讀者、古人與新人、人與科技、
科技與空間、建築與自然之間，
交流成了新介面的天人合一，

宛若一首意境超然的「田園詩」氛圍，
亦是一個片刻即永恆的大器空間。

田園詩，是中國智慧文明史中最具禪意的表現，
真正體現天人合一：
人與自然和諧的、超然的、合一的生命史觀，
也是東方足以向西方支配性、分類化的知識系譜，
對應與對話的哲學平台。
而這個已達「田園詩」至極意向的東方圖書館，
置於汕頭大學校園門口的綠軸帶起點，更具意義。

圖書館的文案必須要有文學詩意的調性，否則它就沒有辦法跟圖書館的氣質相合。所以接下來有三段在形容內部空間，我也必須在這圖書館我都還沒看到的情況下，先在我腦袋裡用想像力建好，然後把它描述出來。其中有一個空間叫雲星閣，就是有巨幅書牆的大廳，我用視覺系的文字將它命名為「知識的天人介面」，因為它有天窗，所以可以透過天窗跟這個圖書之間有一個很好的對映：

這是書的百庫介面，知識的多層理路，
閱讀者穿梭在三個樓層其間，
彷彿是在書與書之間的穿針引線，
裁縫出屬於自己的知識版本。

從圖書館各個角落都可以望見這個巨幅：
鮮活的知識採集者群像，
亦是一幅動人的知識遷徙圖。

白天的晨光、夜晚的星月，
日以繼夜地為知識點亮恒久不滅的光明，
指引著明日世界。

來自上方的光與雲，來自四方的風與水，
讓知識、自然、讀者形成了一個循環生生不息的智慧對流層，
亦讓王維「行到水窮處，坐看雲起時」的生命哲學
在此體現。

我用一種非常詩意，有文學底蘊的方式將這個空間描述出來。
另外，它的階梯自習室的設計從上往下，面對一大片落地窗，
可以看到戶外的全面景色——當建築師跟我描述時，我第一個
跑出來的畫面就像是知識的梯田，每個人都埋首於字裡田間：

可以容納400人同時在此，宛如一個知識的梯田，
所有的好學者在此俯首耕耘。

在埋首探索知識的片刻，
面向虛擬竹林柱間不動的遠山與多變的浮雲，
超然的視野，讓閱讀者得以當下了悟書本背後，
智者在面對大自然、面對生命那種無法言傳的感動與頓悟。
各時空的智慧，於此瞬間呼應與傳遞，
藉著春耕、夏耘、秋收、冬藏的四季運行，
每位展書者在此獲得生息、慰藉、了悟，
以及智者與大自然原生的渾厚力量。
這就是「知識的梯田」所欲形成的：
一個得以讓稻苗長成稻穗，知識蛻變成智慧的空間，
亦是「採菊東籬下，悠然見南山」的哲學意象在此體現。

還有個閱讀長廊，兩邊有書，我就想像它就是一個廊谷的概念，於是把這一區命名成「知識的廊谷」——所以當我們在形容空間的時候，可以用大自然的方式來描述你所看到的人工環境，這樣會寫得更生動：

> 整排天窗借光，兩岸有書，岸間形成了眾人閱讀的廊谷。
> 走到終點，就是一個迴旋向上的知識階梯，
> 亦可視為企圖接近天、接近真理的天梯。

因為這個空間盡頭有一個迴旋梯直接上樓，所以我就用「天梯」來形容。

> 建築意境在此，每個人從各個角度，
> 都能看到不同的啟示與感動，
> 眾人在此各自形成了新的生命哲學。
> 陶淵明的「晨興理荒穢，帶月荷鋤歸，道狹草木長，
> 夕露沾我衣，衣沾不足惜，但使願無違」，
> 就是在這知識廊谷裡，就在日以繼夜地耕耘與收穫完成了。

多讀、多累積詩詞、春聯、對聯的詞句是最基礎的，還有平常可以練習去找一個你喜歡的空間，進去仔細地走一圈之後，以非常精確而且很有味道的方式把它描述出來。此外，我也建議大家盡可能地去旅行，帶著文案的身分去看世界頂級建築師的作品：如何描述光影在建築裡外的變化？想像光線照進水面上會呈現什麼樣的光影？你如何描述風、綠意、雨水、落雪，讓這個建築變得不一樣。有一次我去西班牙塞維亞米羅美術館，看到光影通透過水面，折射進建築大理石外牆，有紋

路的光影映上米羅的雕刻上……這就是我藉旅行練習寫空間的方法。

案例三：用文字來預建空間

在未來的虛擬實境、擴充實境的時代，以想像力建立虛擬空間的能力就非常關鍵，這部分可以利用閱讀將書本上的 2D 文字還原成 3D 空間，或是加上時間的 4D 時空、甚至是加上氣味感官的練習，來增加自己建構虛擬空間場的能力。平常多做這樣的練習：當你到一個很美的空間，無論它是書店、圖書館、咖啡廳、商場、飯店、度假中心、遊樂景點、美術館、博物館……記得從進去到出來，每個地方你都一邊看一邊仔細觀察，等到整個走完一圈之後，你要在一分鐘到兩分鐘之內，把剛剛所看到的東西畫出來。如果要你在電腦上畫出 3D 模型你會怎麼畫？能不能栩栩如生地在你的腦海裡或在你眼前複製出來？然後再用非常精確的文字寫下來？因為我們通常在寫一個案子的時候，可能看客戶的空間也不過就是一次、兩次，但是你要在最短時間之內，把所有重點、細節，還有獨特處能夠抓進你的文字裡，然後字裡藏鉤地勾出別人的興趣點，這就非常重要。

我推薦卡爾維諾的《看不見的城市》，這本書在以威尼斯為藍本形容一個叫「左拉」的城市，他可以把整個腦中的城市透過文字精細地描述出來。在我們以《看不見的城市》練習內在視覺之前，先閉上眼睛在腦海裡回想一下：你家的客廳是什

麼樣子？如果你可以「看見」你家的客廳，那你的內在視覺就還算不錯。接下來更進一步：不管你有沒有去過威尼斯，威尼斯在你腦中是一個什麼樣的城市？你可以找一個朋友幫你念以下文字，或是你自己錄下你所念的聲音，隔幾小時或隔天再閉眼邊聽邊練習，看看能不能在腦海裡同步建構出這個城市的輪廓、一幕幕場景、每一處細節？

在《看不見的城市》裡，卡爾維諾描述一個城市叫左拉：左拉在六條河流和三座山之外聳起，這是任何人見過都忘不了的城市，可是這並非像一些難忘的城市那樣，在你腦海裡留下什麼不尋常的影響。左拉特別的地方是一點一點留在你記憶裡，它相連的街道，街道兩旁的房屋，房屋上的門和窗，這些東西不怎麼特別漂亮或罕見，它的秘密是在於如何使你的目光追隨著一幅一幅的圖案，就像讀一首曲譜，任何一個音符都不許遺漏，或是改變位置。熟悉左拉的結構，晚上睡不著覺，可以想像自己在街上走，依次辨認出理髮店條子紋路的簷棚，之後就是銅鐘，接下來就是九股噴泉的水池，接下來是天文館的玻璃塔樓，接下來是賣瓜子的攤子，勇士和獅子的石像，土耳其浴室，轉角的咖啡店，還有通往海灣的小徑。這讓人無法忘懷，這個城市就像一套盔甲，像一個蜂巢，有很多小窩，可以儲存我們每一個人想記住的東西，無論是名人的姓名、美德、數字、植物、礦物的分類、戰役的日期、星座和言論，在每個意念和每個轉捩點之間都可以找到相似或者是對比，直接幫助我們記憶。

當你在看或是聽這段文字時，你腦中是不是能跑出物品、概念、顏色、空間？如果可以，表示你已經有把文字轉譯成

3D 空間甚至是 4D 場域的轉換能力。

再舉一個實例，如果我們要寫一個商場的空間，如何用文字把那個空間寫得更廣大、更深度、更好玩一些？也就是用大格局的方式來寫一個商場，讓大家在進去的時候有一種在裡面玩不完的感覺？建議大家可以去一些遊樂園，比方像迪士尼、環球影城、哈利波特遊樂園、小王子遊樂園區……用全感官去體驗幾個刺激的、好玩的、會引發你情緒的點，然後虛擬建構一個大家都沒有去過的地方，用圖文聲音影像導覽大家參觀你的造夢空間，無論它是個還沒蓋好的商場、建築、或是一個有主題的好玩虛擬空間，你先用想像感官自己先玩得非常開心，然後大家才有興趣跟你一起體驗這個遊戲版圖。

推薦大家看《空間地圖》，這本書與《感官地圖》都是文案人必看的。《空間地圖》裡提到關於空間的各式各樣描述以及想像，講得非常非常有趣且專業，特別是從實體的空間講到虛擬空間，書中有一段非常有意思：1884 年英國人亞伯特寫了一篇文章《平坦正方形的多維空間傳奇》，文中有一段很好玩的描述，他形容一個三度空間的正方形，很想去見識所謂的高層次空間：

帶我到那幸福的地方，讓我陶醉之夜，能夠看到立方體之外的層次運動，創造比自身更完美的完美。一旦到那兒，我們還會繼續往更高處推進嗎？到了四度空間的幸福我們，會在第五度的門檻前遲遲不敢邁進嗎？不，我們要打定主意，形體每升高一層，志氣也要往上衝一層。我們的志氣將讓第六度的大門敞開，

接下來是第七度、第八度。包羅斯基《第四度空間國度之旅》提到：第四度空間為我們開拓了全新的地平線，它讓我們能夠達到知識的確定綜合，讓我們對世界的體驗趨於圓滿，進入第四度的空間，會自覺與整個宇宙交融。

我們在描寫超空間需要很大的想像力，特別是還要把時間的概念放上去，這就是所謂四度空間的思考。更高維度則再把過去及未來的概念放進來，我運用這種「超連結想像力」的方式，寫了一篇當時連蓋都還沒蓋、只給我一張設計圖的誠品商場板橋店，設計圖中唯一的特點就是：它和捷運與火車站是共構的。於是我抓著這個共構的概念來寫這篇文案。

「火車站」讓人有很多想像，許多電影開始在火車站，關鍵轉折點在火車站，結束也在火車站，因為火車站就是人、情、物交會或分流的集散地，是發展故事的地方，也是故事結尾的地方。所以可以回想一下你看過哪些電影的劇情場景是在火車站？如果你平常有做電影筆記的話，你一下就可以搜尋出來，例如《一代宗師》、《中央車站》、《哈利波特》、《新東方快車謀殺案》……我自己在帶團的時候，只要經過火車站，我一定會帶團員們進火車站大廳與月台軌道處想一下，如果這個空間要發展成多線故事，那會是一個什麼樣的故事？如果你的人生搭上不同軌道的車，會分別經過哪些不同的風景、到達哪些不同的版本結局？**如果有辦法在火車站發展出各式各樣的想像，那意味著你有把故事放進多維時空的能力。**所以當時一接到誠品商場板橋店這個案子時，其實我還滿開心的，因為我一直很想寫關於「火車站」概念的文案：

板橋車站・擴建一座幸福的轉運站

我把火車轉運站的概念：到不同月台就到不同方向、不同地方的概念，平移到與火車站共構的誠品商場上——《新東方快車謀殺案》電影裡面有一段對白我非常喜歡：「一群陌生人機緣巧合地坐上同一部列車，一待就是幾天，除了這點之外，他們毫無關聯，下車之後就再也不見。」這就是形容火車上的機遇與巧合。

> 到了車站，進到哪一個月台，就決定了轉運的方向。
> 從板橋，東往台北，西向樹林，北上新莊，南下中和。
> 好像想去哪裡，只要一進火車站，都一定到得了。
>
> 1998年10月，
> 即將正式啟用一個幸福的轉運站：誠品板橋站，
> 全棟十層樓，宛如通往各種心境的大型轉運台，
> 幾秒鐘之內，在各個月台成功地轉換
> 家的氣氛、爸爸和女兒的關係、朋友的交情、情侶的對待，
> 甚至轉變了一個人的運勢未來……
> 你可以發現更多的路徑，心情像身體那樣自由移動，
> 所有的幸福都可以迅速抵達，跨足可及。

我當時還建議將誠品板橋站開幕文宣品設計成一張通車時刻表，把裡面總共十二個樓層視為是一個立體月台，每一個月台就代表不同的方向與氛圍。

〈幸福轉運月台‧最新版指南〉

第十一月台‧創意轉運站

創意是用光年計算的，檔案在這層開啟，所有的神話和幻想，
表演和展演，都享有最大的治外法權。

第十月台‧歡樂轉運站

歡樂和夢想在同一個對流層，
大人和小孩在同一個年齡層，虛擬實境，
提供你迅速脫離現狀的快捷方式，
這裡是笑聲最頻繁的路線……

在寫每個月台的時候，要想像大家在這裡的表情、動作、感
受，生動地還原在你的文案裡。例如：第七月台是書店，可以
把它視為知識轉運站，大家在這裡可以藉著大量閱讀，自由轉
進不同的心靈出口。第六月台是逸樂轉運站、享樂的空間：咖
啡、影音、PUB……在這裡形成一個轉運的空間。第五月台
是活力轉運站，這裡有運動用品，在這裡有足夠的能量，足夠
的裝備，補給你沒有地心引力地走到新的生活裡，這裡是最容
易出汗的地方。第四月台是風格轉運站，第三月台是青春轉運
站，第二月台是流行轉運站，第一月台是時尚轉運站，地下月
台是生活轉運站，因為這個地方是美食區。

地下月台‧生活轉運站

省下長途飛行與轉機的時間，在這裡可以通到韓國吃烤肉，
在歐陸品味一份午時簡餐，飯後再來一客義大利霜淇淋，

並到日本雜貨店做一天的哈日族，

時空迅速轉換，完全沒有時差……

當我以月台時空轉換的概念，在寫每個樓層的時候就可以寫得非常生動，因為腦袋裡已經進入另外一個更好玩的平行空間。平時你可以去找一個空間，用一個好玩的方式、有趣的眼光，像寫奇幻小說的方式把它寫出來。這個練習很重要，意味著你的文字本身就有一種魔法師的能量，可以讓任何的地方點石成金，變成好玩的時空，讓大家很願意進來體驗。

案例四：用電影場景來寫文案

伊塔洛・卡爾維諾《觀眾回憶錄》提到：「曾經有幾年，我幾乎每天都看電影，甚至一天看兩場。我的青少年時期，電影就是我的世界，是我周遭那個世界之外的另一個天地……我若是下午四、五點進電影院，出來的時候讓我震撼的是穿越時空的感覺，兩個不同時間、不同角度之間的差異，影片內和影片外。我大白天入場，出場時外面一片漆黑，點上燈的街道延續了銀幕上的黑白。黑暗或多或少遮掩了兩個世界之間的不連續性，反之也彰顯它，因為它凸顯出我沒有活過的那兩個小時的流逝，在停滯的時間、一段想像的人生，或為了回到幾世紀前的奮力一躍的忘我。發覺白晝縮短或變長了，是那瞬間的莫名激動。當電影片刻中下起雨來，我便豎起耳朵傾聽外面是否也在下雨，那是儘管我身在一個世界，但仍會記起一個世界的唯一時刻。電影，是我們一生的歷史。」這整段是卡

爾維諾在看電影的過程，以及電影院內外的描述。你可以想一下，如果要描述「電影」這個概念，你會怎麼寫？你能夠把時間、空間寫在這個感覺裡面嗎？這就是閱讀的重要，透過一個作家、導演、詩人、畫家，他們眼中的生活，即便是看電影，我們日常都會做的事，他們感覺竟是如此的獨特而深厚。但我們在看電影的時候，我們有辦法體會到這麼細微的變化嗎？

「電影場景」這個概念，在我寫文案時有很大的意義與幫忙。我在寫誠品商場西門店時，就用電影場景的概念來寫，因為誠品商場西門店就是位於台北西門町電影商圈，它四周都有電影院，東西南北四個方向都在上演不同的時空劇情；想像一下，如果右邊在演《侏羅紀公園》，左邊在演《超時空未來》，前方在演清朝的故事，後方在演《新東方快車謀殺案》，你就會覺得位在中間的這個新生活片場，就是好幾個時空故事穿越的焦點——這樣的想法是源於我看過捷克導演的《光纖電人》，這部電影裡的男主角一天到晚看電視，有一天他在看電視時突然被電視機吸進去了，然後就遊走在各個電視頻道之間，當他走進電視時空交雜的立體空間裡，有時候在中古世紀戰爭片場，有時候可能在新聞播報台上面，有時候剛好在一個連續劇的佈景前方……所以這部電影是我寫這篇「誠品商場西門店」文案的重要靈感來源，我用「跨時空交界的新生活片場」來寫誠品西門店，在這裡你可以保有電影的想像力，演員的生命力，還有舞台效果的櫥窗設計，所以它就被定位成了一個集結流行、電影、美食、文化的西門町新生活片場。它的三樓是書店，我把它定位成**生活劇本館**，每個人在這個書店

裡面可以找自己的人生劇本；二樓是時尚商品，所以就把它定位成**時尚映畫館**；地下一樓是美食區，我把它定義成**欲望採集館**，進到這個流行大片場空間，可以自由隨意地置裝、買一些生活背景道具——當消費者走進電影流行片場時，所有的人都可以在這裡找到一點生活的靈感與能量，比方以電影為概念，就可以把電影膠卷當成皮帶，用電影字幕機來表白，把電影打光機來當成檯燈，用影片鐵盒來裝情書，用電影打板來留言……所有的電影道具都化身成生活上的創意。當你有這樣的想法時，甚至還可以發想出這商場特製的電影主題周邊商品，比方電影膠卷式的紙膠帶、電影導演喊開拍的打板機造型便利貼，用來寫下現在要開拍的生活主題是什麼……有無數個靈感可以繞著這個主題來做，所以一個有趣的主題，會勾出很多有創意的活動。當我以這空間氛圍來寫文案時，我就「順便」幫這家店的開幕想出很多相關的活動，例如：電影配樂音樂會、手繪電影海報展等等，只要跟電影主題相關的活動都可以輕易地聯想出來。於是這篇誠品西門店是很好寫的，就把它當成是個「人生電影院」。

西門町的新生活片場

誠品書店西門店OPEN開幕大片・12月6日精采首映
把新天堂樂園的廢棄膠卷送給男友當皮帶，
用電影院的字幕機宣告自己剛上映的新戀情，
到書店展示阿莫多瓦的高跟鞋，
到New Arrival貨架上翻閱下一季的流行宣言。

阿莫多瓦的高跟鞋，用來隱喻誠品商場也賣高跟鞋的雙關意思。

> 依電影配樂更換菜單和客廳的佈景，
> 胃和樓下的美食自秋之後片約不斷，
> 伍迪．艾倫戲假情真，
> 費里尼說夢是唯一的現實，
> 把自己的照片放大做成電影海報，
> 自己做自己一輩子最忠實的影迷。

《高山上的世界盃》導演宗薩仁波切說過：自己就是自己的導演、自己的製片、自己的演員、自己的觀眾。如果你累積大量的電影場景與故事，那麼你就已經有非常多的文案靈感庫可用了。

案例五：用電玩場景來寫文案

如何以「電玩」的概念來寫文案？特別是針對電玩客層的商品或服務空間？例如手機、電腦、商場……當誠品商場要在台北西門町開一家針對 18 歲到 28 歲年輕客層的「新世界店」，所以我就用「電玩」的概念來寫這個商場，我當時就想，如果把整個商場變成是一個立體的電玩空間，那會是一個什麼樣的氛圍？於是我在腦中以「電玩空間」的概念來包裝整個商場形象，你也可以想一下自己比較喜歡哪款電玩，或者目前當紅的幾款電玩的玩法是什麼？你甚至可以把它們的通關攻略記下來，把他們專用的電玩語彙放進商品空間、服務、文宣

裡，這些都是寫文案的靈感素材，例如你可能正在做一個針對這批年輕客層的課程規劃，那麼你就可以用電玩通關的計分與進階概念來設計課程，你也可以用漫威電影裡的英雄概念也行。

當我開始用「電玩」概念來寫誠品西門新世界店的文案時，我必須將每個樓層視為是電玩的通關介面。

誠品西門新勢界

影音、情報、流行、享樂版

一批愛玩電玩的年輕人，他們包下來一個新的「勢」界，擁有自己的勢力、權力，他們的新活力版圖就是他們的新世界，也呼應了這家店的名字「新世界店」。

後天異種混血，新勢力接班新世界，
你終於可以親身實現虛擬自己的過程：
把自己變成複數，多重實驗你的各種人生版本。

我會寫「多重」，是因為年輕族群在玩電玩時就形同開發出另外一個分身，用另外一個角色來體驗另外一種生活，一方面有點逃避現實，讓自己從現實與無聊中脫困，跑到一個新的遊戲世界裡去冒險、探險、享樂，或者是去發揮自己在現實生活中被打壓的自信與力量，就像是另一種版本的個性或者是人生，所以我寫出「把自己變成複數，多重實驗自己的人生各種版本」。

你的眼睛是最快的搜尋引擎，

櫥窗成了你看過最大的PDA視窗，

一個個都是與你一般高的動漫人物，你不興奮嗎？

我把商場的櫥窗當成是電玩介面，在櫥窗裡面也能看到這些虛擬超現實的動漫人物，但是櫥窗比電玩的介面大得多，甚至比人還大，所以如果用電玩介面來比喻成商場櫥窗，就會有很多的想像，對於玩家而言，就像是進入立體的電玩空間。因此整篇商場的文案介紹，我完全是以電玩的攻略手冊來寫每個樓層簡介。將來如果要寫針對玩家設計的文創體驗遊樂區，都可以沿用這個概念來思考，給玩家們不只是一篇文宣，而是一本攻略手冊，來冒險體驗每個單元的展示內容。這篇「誠品新勢界」文案，我就是以攻略的格式寫成的：

西門新攻略手冊：決戰五重天

安裝好程式，開始和你的戰友們，玩真人版的角色扮演遊戲，

直奔二樓，插進變裝加速卡，

下載衣勢力試玩版，決定自己的身分階級：

世紀帝國元帥

城堡公爵

恭親王

教皇

尼古拉二世

神鬼巫師

星際大戰指揮家

商場二樓有很多各式各樣的衣服，當玩家要進入一個電玩角色時，會先選自己的身分，就相當於在商場裡選不同的衣服裝扮來決定自己是誰，這就是「衣」勢力。我把選設角色這件事等同於在商場買衣服，所以我在這一樓的簡介文案中設了好幾個角色：帝國元帥、城堡公爵、教皇、尼古拉二世……等等，這些就是當年比較紅的電玩主角，用這些角色來呼應這商場裡各式各樣有個性、有風格、有故事背景身分的服裝，但是我不能隨便寫選角色，我必須要去找商場裡有哪些品牌可以呼應到哪些角色，去找到這個對應角色後，才幫他們寫下這些身分。如果你要用電玩做為文案概念來包裝商品或是服務空間，你就要找到對應的部分，而不是隨便亂套的。

設定好自己的上半身顏色，在鏡子前而不是在電腦螢幕前面，當場修改自己的形象：

戰場紅

極速黃

原野綠

魔幻紫

海底藍

阿尼橘

當我們在選一個電玩角色時，會連帶決定自己的身形、身高、髮型、長相等等，就像進到商場也像是幫自己換一種角色，換一種形象，而且還可以當場修改，所以這段文案我寫的是可以自己選顏色，但這些顏色不會只是一般的紅黃綠藍紫，而是

有「電玩」個性的顏色，例如戰場紅、極速黃、原野綠、魔幻紫、海底藍、阿尼橘，就是把每個顏色套上電玩劇場劇情的遊戲氛圍。要建立這樣的專屬詞彙平常就要收集與練習，例如當我看到一部電影、電玩，或是看到一部小說，裡面提到有什麼樣的紅、什麼樣的黃、什麼樣的綠……如果形容得很特別，我就會隨手記入筆記本中，我已在文案靈感庫裡建立了很多顏色形容檔，將來在寫某個顏色的時候，就可以從這裡很快抓出來我要的詞彙。**如果你真心想做一個獨特的好文案，應該就要有自己編文案辭典的野心**，就像作詞人有自己平時累積的寫詞押韻筆記，美食家也有自己的美食筆記，主廚會有自己的私房食譜，我自己也有文案靈感筆記本，像是編字典那樣的分類，建議大家可以看《牛津解密》這部電影，裡面講的就是編輯大英百科全書的經過，有很多收集分類知識的方式很值得參考。

> 誠品商場西門町新世界店，完成人類科技想像的極限空間，
> 已經實現的虛擬天堂裡，有最寬頻的SHOPPING街道，
> 超大容量的流行情報檔案庫，
> 最真實的生活遊戲介面、與真人真事第一線交手互動，
> 當下意念啟動，
> 不必等下載時間，只要等電梯時間，
> 就可以身歷其境青春的動線，
> 不怕被電腦病毒癱瘓你的行動力。
>
> 未來，就是完成極限，想像變成真實的時候，
> 西門町最酷的人生遊樂平台──西門新勢界，

在電玩裡已經習慣上山下海的你，

整整五層樓，五個行動回合，

網路再高段的招式，在這裡都要秀真功夫。

有最發達數字光能神經細胞者，

請練到99級轉生，

發揮最大的人格聲統效果、最多人同步角色扮演，

讓你當眾玩遍數百種最HIGH品牌的劇情結局！

在誠品新世界店比電玩有趣的是：不必等下載，只要等電梯，而且也不怕電腦中毒。現在你可以開始留意好玩的電玩攻略、漫威電影，然後把這些靈感轉移成某一類空間服務或是商品。

課後練習

█ 如何把腦海中的想像世界，
█ 栩栩如生地傳輸給消費者？

❶ 找一個你喜歡的空間，仔細地走一圈之後，把所有重點、細節還有獨特處，以精確而且很有味道的方式描述出來。

❷ 當你在看一段文字時，腦海中是不是能跑出物品、概念、顏色、空間？培養把文字轉譯成 3D 空間甚至 4D 場域的能力。

❸ 看到一部電影、電玩，裡面提到什麼樣的紅、什麼樣的黃、什麼樣的綠……隨手記入文案靈感筆記本中。

█ 練習題

■ 站在火車站大廳與月台軌道前想一下，如果這個空間要發展成多線故事，那會是一個什麼樣的故事？如果你的人生搭上不同軌道的火車，會分別經過哪些不同的風景、達成哪些不同版本的結局？

如何寫時令節慶、品牌形象、商品包裝、公益與活動文案

前面我們在第二階段，
以四堂課四式教大家如何精進寫作的武功。
第三階段將會以三堂三式的篇幅來細說：
如何寫時令節慶文案？
如何寫一個企業或公司的品牌形象文案？
如何寫包裝上的文案？
如何寫公益與活動的文案？

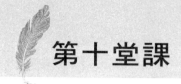

第十堂課

第一式：如何寫時令節慶文案

在文案的範疇中，時令節慶類的文案幾乎占了相當大的比例，因為廠商客戶一年到頭都有促銷活動，身為文案也得隨時都在待命。因應每個時令、節氣、節日、慶典……對我而言都變成了一篇篇文案工作，所以要有一張「時令節慶表」是必備的。做為長達 30 年的資深文案，已經累積了好幾輪的時令節慶文案作品，如何寫出有氛圍、有生命時間意義、感官很興奮的文案，而且盡可能地不重複？

我們每個人都是跟著時令節氣在過日子，所以許多文案就會跟著節慶或慶典的生活週期來做為文案的主題安排。我自己寫過很多百貨公司或是商場的節慶文案，變成我一年從頭到尾固定的文案工作。接下來我將以春、夏、秋、冬四個大類別，非常詳細地解說我背後的靈思脈絡。

春

案例一：誠品書店春天書展

敦化南路上，春開花開書店開

太陽升起來，暖爐收起來。
短衫穿出來，毛衣收起來。
涼鞋取出來，長靴收起來。
新書拿出來，冬書收起來。

24℃暖春讀書計畫，
請你現在開始暖身……

「敦化南路上，春開花開書店開」，當你一看到這句標題時，你腦袋裡就會出現花開、書店開的畫面，它就變得很動感立體。所以寫文案很簡單，就是讓每一句話去勾起視覺感官，如果把春天書展寫得活靈活現，彷彿感覺到溫度，感覺到換季花開的興奮開心，這樣別人在看文案的時候也會特別有臨場感。

案例二：中興百貨春特賣

我為中興百貨寫過一篇春特賣的文案，該年的年度主題是：「一年只買兩件好衣服是道德的」，這句標語主張要環保再利用（recycle），就是舊款衣服可以跟新上市的衣服一起混搭著穿，這樣既環保又時尚，而且很有個性。當年電視廣告影片主題是〈祖母衣櫃復活記〉，影片風格也非常強烈。

因為我必須延續「一年只買兩件好衣服是道德的」的年度環保主軸，加上這篇文案的主題是「春特賣」，所以我把道德跟環保放在一起，做個有趣的呼應：

春天的道德問題

把衣櫃當魔術箱是道德的，
把衣櫃當倉庫是不道德的。

如果你懂得搭配，你就不需要買太多衣服，你懂得將去年那款舊裝，搭配今年這件新裝，你就是個人時尚代表，而不需要拚命買衣服堆成倉庫。

戴一枚人工合成鑽戒是道德的，
穿戴一身象牙扣又高談環保是不道德的。
與男友分手時說謝謝是道德的，
各奔前程後還到處宣揚是不道德的。

如果跟男友分手，還到處說他壞話，以後想 recycle（回收、復合）也很難，所以把這種生活態度放進這篇文案裡，讓 recycle 擴大昇華為一種人生態度。

自戀而自憐是不道德的，
自戀而自覺是道德的。
一年只買兩件好衣服是道德的，
光買衣服而沒有衣盡其用是不道德的。
春季折扣，正在進行。

如果你有很獨特的穿衣品味，其實衣服不需要多，而是要懂得時尚穿搭，所以環保是一種聰明——文案本身要呈現出一種態度，讓消費者認同之後才能夠引起她／他的共鳴。你今天可以自行設定任何主題、商品、空間或服務，以春天為主題來寫一篇文案。

案例三：誠品商場春特賣

我之前提過，要隨時隨地記錄各種顏色的描述法，因為文案經常需要用顏色來做為這商品的重要賣點。舉「一匙靈酵素洗衣粉」為例，它強調能夠洗得很白，它的標題是：「從纖維深處給你驚奇的白」，這就是一個很生動的形容詞，因為一聽到「驚奇的白」彷彿眼睛就會睜大，很驚訝怎麼可以這麼白？

我在旅行的時候也會記錄各種不同的顏色，比方在芬蘭大教堂的那種白，是那種有點像香草冰淇淋的那種甜甜的白；在西班牙奧運村有一棟白色風帆狀的建築，它的白非常有故事層次感，所以我就一連串聯想地寫下了：薄紗透明的白，石塊穩重的白，孤芳自賞的白，比陽光快半拍的白，無色無味的白，不說髒字的白，睜不開眼的白，忘了關燈的白，乘風破浪的白，很快就融化的白……這些句子不僅可以形容這棟白色的建築，也可以用來形容洗衣粉洗過後乾淨的白。

誠品商場有一年春季特賣，店長跟我說他們已定好該年的主題是白色，所有主力櫥窗裡商品、衣服、文具……都將以白色為主題，還好我平常就在收集各種顏色的描述詞檔案，所以

我很快就把這篇「帶有文化風格的白」文案寫完了：

白感交集的春天，白無禁忌

我把「百」感交集的「百」改成「白」，就是白色豐富交集的春天，而且「白」也沒有任何的禁忌。

霜白。雪白。冬天北極狐的白。
川久保玲「沒有存在」的白。奇士勞斯基情迷的白。
波西米亞頹廢的白。

我在這三句文案中呈現：季節氣候的白，川久保玲服裝的白，奇士勞斯基電影《白色情迷》，還有波希米亞文化的白。接下來我用意境的方式形容白色的各種各樣可能：

雲的白。輕的白。鳥羽的白。夢境的白。
潔癖的白。不貪汙的白。
痛恨有顏色暴力的白。用過防曬油的白。
與黑對比的白。所有光混合的白。極限主義的白。
玉的白。靈性的白。香檳白。大麴茅台有酒意的白。
簡單的白。勾描不上色的白。五四運動口語化的白。
智慧華髮的白。真相的白。不想有瑕疵的留白。

白色是一種沒有重量，可以飛得幸福；
世紀末無色調風華，百件春品，白感交集，
1998年3月6日至4月5日，誠品商場春品上市，
請您開始白無禁忌！

這些都是以商品、文化、生活態度,來呈現白的各種寓意。為什麼要提到「勾描不上色的白」?意味著誠品商場的消費者,應該要有隨時可以留白的那種智慧與豁達;智慧華髮的白、真相的白,也意味著他們對智慧、知識、真相有一定的追求;不想有瑕疵的白,代表這群人有要求完美的個性……每一句「白」都是誠品商場消費者樣貌的拼圖,都反映著消費者的一種態度與堅持。即使是白色這麼簡單的顏色,還是可以寫出各式各樣有景深、有個性、有脾氣的文案。

換季特賣
案例一:誠品西門店520特賣

一到夏天你會想到什麼?如果把夏天做為主題來寫文案的話,你會想到哪些畫面?

很多人用夏天的「夏」,來做有趣的同音轉譯,比方快樂一「夏」、「夏」一跳,或是「夏夏」叫……你也可以繼續發揮聯想力,想一下「夏」這個字還可以怎麼玩,然後把它寫在文案筆記本裡,以後遇到「夏」特賣的時候可以用。

我以前寫過一篇跟夏特賣有關的文案,我自己命名為「放暑價」。你們也可以練習在《51種物戀》中能不能找出十個物件來代表夏天?這十個物件若要變成商品文案時該怎麼寫?德瓦是這樣描述「涼鞋」的:

涼鞋讓我們看到了媒介與介面，在自然與文化間的交縫處，它隔離了、也接觸了腳與土地，它化身為世界之間的界限，一張是不同世界得以共存相接的薄膜。

涼鞋不僅介於肉體與土地之間，同時也介於過去和現在，手藝與工業，東方與西方，北方與南方，熱與冷之間。由於它有一部分與移動輕盈，與風有關，怎麼不說它就是世界的皺褶？涼鞋總是保留著無數的回憶，繩底帆布鞋的帆布，我們的腳趾頭體驗過有點刮腳背，還曾經在搏鬥結束的傍晚拖行於競技場，夜裡走過溫暖的雨中黎明，涉過浪潮邊緣之後，身體已經變得跟木頭一樣硬；還有岩壁專用的涼鞋佈滿了海草，半透明狀的塑膠鞋，一旦潮水褪去，水花遠離，總會留下沙粒和細石，有時還會有一小片貝殼。或者還有些法國南方的皮板鞋，只吸住了腳的大拇指和腳踝，以避免被沙地燙傷或岩石割傷。

光聽到這段描述，就能在腦袋裡跑出好多鞋的款式。如果它是一個有品牌的涼鞋，你會很有感覺，因為它就是一種文化態度。

你可以練習一下，如果你要描述各式各樣的鞋，比方高跟鞋、布鞋、球鞋、靴子、皮鞋、雨鞋……你會怎麼描述這些鞋子的個性、態度，甚至是脾氣？

讓我們回到夏天這個主題——我記得那時候我才大學四年級，接到誠品商場西門店要寫 5 月 20 日春夏換季特賣的案子，想一下，如果是你會怎麼寫？

換季的時候，春天的商品就會促銷出清，夏天的新品也陸續上架，所以可以想像是夏天推翻了春天政權的概念，因為夏天的元素都把春天的元素推翻掉了。當我這樣想像，文案寫起來就會比較生動，好像真的看到了這場春夏流行革命。接續這主題往下寫文案也很簡單，先分別把春天與夏天的物件列出來，然後想一下夏天要拿哪些物件來推翻春天的哪些東西？

夏天在5月20日，推翻了春天的政權

迷你裙在豔陽下示威，涼鞋在鞋架上連署完畢。
泳衣主張解散毛衣，衣櫃要求全面改選，
有心人士借著流行的路線之爭，發起品牌的階級革命，
防曬油則忙著制定夏季革新時間表。

夏天很多美女穿迷你裙出來曬美腿，涼鞋一雙雙擺在鞋架上準備迎接酷暑的陣仗，毛衣收起來，然後整個衣櫃都換季了。

什麼是「防曬油忙著制定夏季革新時間表」？就是防曬係數越高，你的皮膚就越白，夏季革新的程度就越高。但如果你只是寫「防曬油係數決定你皮膚白或不白」，就沒有辦法聚焦「推翻春天政權」這主題的氛圍。所以每一句文案的動詞或形容詞，都應該緊咬著標題的核心精神，標題是「推翻春天的政權」，接下來的文案用詞就要很「政治」，這樣才能夠呼應一起。

價格懸掛布條揭竿起義，Teddy bear出來擁抱群眾，

999項新品在西門町前集會遊行，

夏天在5月20日，推翻了春天的政權。

當我用鮮活的文字來展演「夏天推翻春天政權」的概念時，這篇換季文案就有了劇情畫面。你也可以練習用季節更替來寫各式各樣的文案主題。

案例二：遠東百貨春夏換季特賣

當我離開廣告公司自己接案，之前中興百貨客戶經理也離職到遠東百貨，她找我寫遠東百貨春夏換季特賣。當時她給我的主題是**「當東方遇見西方」**，意思是：東方品牌與西方品牌，在遠東百貨公司同步春夏換季。「當東方遇見西方」是一個遠超過百貨公司規模、像是地球東方與西方相會的格局，因為視野、維度都拉到最高，所以其內涵精神都必須要有相當高的哲思水準：

當東方遇見西方When East Meets West Again

大遠百的新春夏風華絕代

歐美吹起了一股「東方風」，

半透明斜裁刺繡長衫、性感流蘇披肩，

以神秘媚惑的姿態，吸引全球時尚界的目光。

東方遇見西方。

受全球影迷矚目的電影《最後的武士》，

將東方的武士道與西方的騎士精神，
交會出一場東西方動人的生命華彩。

這回東方與西方再次相遇，
已經不再是形式的混體，
而是精神面、哲學層次的和平融合：
東方的黑白極簡禪風，
在北歐的流體家飾裡，
展現出老子「致虛極，守靜篤」的境界；
東方的孔雀刺繡，
在澳洲的摩登白皮革上開屏，
招展出一個華美盛世；
東方的綠色墨花卉，
潑彩在一名女子身上，
在伸展台上蔓長玲瓏有致的清靜，
俐落展現西方風的搖曳生姿。

或是我們俏皮一點，
繡花的小短衫，配上輕快的流線短裙，
讓東方自然的心靈，走著西方自由的腳步。

身體是自由的，靈魂沒有國界，
我們的風格，也不再有品牌的束縛。
東方與西方混血，純真與性感混齡，
無國界的衣裝實驗，只對你的獨特性效忠。

這一系列遠東春夏特賣的文案很長，都已收錄進《廣告副作用：藝文篇、商業篇》，這裡只節錄出一小段來做示範。在寫這段文案時，腦中要有一個大的地球國際舞台畫面，像是東方與西方大的哲思風潮在這裡交會，能夠混搭出我們靈魂的自由。至於文案裡的每一句文案，都是我看著客戶提供各個品牌的型錄照片，以超立體感官看衣服上的花開，看模特兒帶起的風生水起，看家具裡的禪意……這能力是需要打底的，平常在逛百貨公司或商場時，每看到一件心儀的衣服，都可以用兩三句話把這衣服的魅力講出來，於是你就備齊了一套超敏銳的文案感官系統。

兒童節

案例一：中興百貨兒童節特賣

當我寫每年一度的兒童節主題，我就會把自己分成兩半：一個是還沒長大的自己，另一個是成人的我，事實上我們在寫兒童節主題文案，要吸引的人是有童心的大人，或是帶著孩子一起來的父母。因為中興百貨的定位是知識菁英，具有高度反思能力的一群，所以當時就以 BEFORE ／ NOW 的對比，來一覽過去的童年到現在，孩子們是怎麼失去快樂的：

BEFORE

米老鼠與加菲貓追逐的童年，
孫中山在廣東省翠亨村的童年，
魚兒往上游、不進則退的童年，

玩具很少，玩伴很多的童年，

大人統治下的童年。

NOW

在安親班培養先知先贏的童年，

不相信天堂但相信任天堂的童年，

玩具很多，玩伴很少的童年。

4歲開始寫字，6歲開始講英文的童年，

保護瀕臨絕種的快樂兒童，

請你與我們一起搶救童年。

　　我希望文案不只是要家長帶著孩子來買東西，而是帶著父母們一起反思：現在孩子已經有了很多東西：玩偶、玩具、汽車、手機……可是他們的童年卻不像以前那樣子簡單淳樸，沒有以前那麼多玩伴、卻有很多的線上戰友，我在寫童年的逝去，在兒童節文案中集體反思。

案例二：誠品敦南兒童館開幕

　　剛才提到兒童節的文案不是寫給孩子，而是寫給父母的，文案必須帶著他們以孩子的眼光看世界，必須在大人跟孩子之間找到交集，也就是賦予「孩子」新定義。當誠品書店敦南館要成立兒童閱讀與文具玩具區，我第一個想到《小王子》提到的：**每個大人，他們都曾經是小孩。**當他們帶著自己的孩子來的時候，他們自己也變成了孩子，只是身體已經長大了，所以

這篇文案的主題必須重新定義誰才是孩子，不再只是年齡上、生理上，而是一種心態，於是我把標題定成：**「有夢就是孩子，新兒童樂園 10 月開張」**，意思是：只要你心態像孩子，你就是孩子，也因為這樣才能夠把客層變得更廣大，只要有童心的大人或小孩都可以來。我的文案就是要鎖定這些有童心的人，無論他是大人或小孩：

把捷運當雲霄飛車，穿上直排輪鞋就是現代哪吒。
旋轉木馬是村上春樹的心靈馬術，
刺青貼紙是高齡嬰兒的新胎記。

如果有人把捷運當成是雲霄飛車的心情在坐，就不再會有只是去上班的苦悶心情；或是穿上直排輪鞋，自己就變成很狂野調皮的哪吒；或是跑進遊樂園坐旋轉木馬，就像村上春樹式的心靈馬術，心情很自由遊樂的狀態。

至於為什麼會寫「刺青貼紙是高齡嬰兒的新胎記」？這是我自己的一個經驗：有一次我在坐捷運，我對面坐著一個媽媽抱著三歲多的小孩，當時坐在這個媽媽旁邊是一位年約三十歲的精壯男子，他穿著一件無袖背心，手臂上有一個龍的刺青，而旁邊這個孩子肚子上貼了《侏羅紀公園》的暴龍貼紙，我坐在他們對面看著三歲小孩肚上的暴龍與 30 歲黑道大哥的青龍，感到這個跨齡的流行好超現實，所以才寫下「刺青貼紙是高齡嬰兒的新胎記」的意象——平常邊生活邊醞釀靈感之酒，放在文案創作謬思的酒窖之中隨時可用。

趁著好奇心還在，把靈感發射升空

小時候，用十塊錢坐一次旋轉木馬，
聽一首機器兒歌，轉動著全世界的童年。
對漫畫愈老愈不能免疫，從格林童話裡找到對待情人的新方法。

芭比是最小的大人，老萊子是最老的小孩，

夢想是不老的保養品，有好奇心才能夠繼續長大。

誠品兒童新樂園，沒有身高上限，
給想長大的小孩，不想老的大人。
在10月24日到11月2日入園期間，
一律9折兒童價，
玩得再晚，都不會有人怪你太晚回家。
趁著好奇心還在，夢想還沒改變，
把靈感發射升空，這裡就是你永遠的童年館！

芭比娃娃就是尺寸最小的大人，因為她完全就是一個大人的身材比例，只是把她做得很小，所以才會寫芭比是最小的大人。大家都知道老萊子娛親的故事，再老的人只要在父母面前永遠都只是個孩子。所以用這兩句對照來表達：所謂的孩子不是指年齡，不是指大小，而是心態。

夢想是不老的保養品，只要你還有夢想，就可以像是個孩子一樣，有好奇心就會繼續長大——這兩句話是整個誠品兒童館的精神，也代表著有「孩子的心態」就可以進來，貫穿到文

案最後，我就以「兒童價」來講「九折」的促銷活動：今天孩子最大，誠品敦南館竭盡所能，延長所有人的童年時間。

當時伴隨這篇主文案還有一個附屬文案，標題是**新兒童憲法**，意思是我們需要用兒童的觀點來建立新的世界規則，希望藉著這個兒童館的開幕，把所有大人的童心都喚醒，讓我們永遠要像孩子一樣，有純真的好奇心、以及初生之犢不畏虎的勇氣，來看待我們眼前的世界：

從今天起向孩子們看齊，以他們的高度放大萬物，
透過他們的雙眼，重新用一種簡單的方式看世界。

套用之前提到的「附身」概念，從現在起你也可以同步開啟「孩童」身分，就很容易以孩子的眼光來過每一天。

母親節
案例：中興百貨母親節特賣

母親是每個人心中最重要的家人之一，當我們在構思這個主題的時候，可以先想一下，自己跟母親之間的關係？兩人之間曾經發生過動人的故事、對話有哪些？或者平常在生活中觀察到母親跟孩子之間有什麼畫面或情節……這些都可以隨手記錄在你的文案筆記本裡。

之前我在寫書店、商場、百貨公司的時候，每一年一定都會寫到母親節特賣，也就只有這個機會才可以把母愛的偉大寫進文案裡。那次我寫中興百貨母親節特賣的時候，我心中跑

出的第一個句子，就是「江山易改，**母**性難移」，我在之前也提過這個例子：一般這句話應該是「江山易改，本性難移」，但是我把「本」改成了母親的「母」，意思是：無論你怎麼改變，或是外在環境怎麼改變，媽媽的本性、愛你的心是從來沒有變過的。所以一想到母親，就會想到一個很著名的詩：

慈母手中線，遊子身上衣。
臨行密密縫，意恐遲遲歸。

這四句話就讓每個做子女的很有親情畫面感，你會看到母親在面對即將離開家的自己，既不放心但又必須得放手，只能透過她手上的針線，為即將出遠門孩子的衣服縫進深深的愛與掛心。

當我寫下「江山易改，**母**性難移」八個字後，我只要把母愛不變的部分寫下來，文案就完成了，所以我想請大家先行思考，假設給你一個題目叫做〈江山易改，**母**性難移〉，你會怎麼寫這篇文章或文案？

就像是一個生活切片，這篇文案我還加上自己跟媽媽的關係，也象徵著每一個人跟媽媽之間永遠的情感牽連：

〈江山易改，**母**性難移〉

媽媽和我的關係就像師生，
小時候她教我走路，
長大換我教她忠孝東路怎麼走。

——上班族‧25歲

小時候媽媽教我們寫字，長大了換我們教她怎麼用 LINE 跟我們報平安。

　　媽媽和我的關係就像姐妹，
　　我老是忙著幫她適應我的新男朋友。
　　　　　　　　　　　　——高中生・16歲

　　小時候媽媽非常掛心你跟誰在一起，害怕你交到損友。等到你長大了她還是持續操心你與另一半過得好不好，這就是天下母親一樣偉大。

　　媽媽和我的關係就像勞資雙方，
　　我給她的報酬，永遠趕不上對她心力的剝削。
　　　　　　　　　　　　——小葉・30歲

　　媽媽永遠都是無條件在愛我們，完全不計代價，也不符合經濟效益。我們給媽媽的愛，永遠不及媽媽給我們的百萬分之一。

　　媽媽和我的關係就像醫生和病人，
　　她老是覺得我營養不良，
　　雖然我已經70公斤了。
　　　　　　　　　　　　——隱名男子・40歲

　　我都已經有兩個孩子了，媽媽還是江山易改，母性難移。

　　無論你幾歲，媽媽永遠都是把你當成小孩。每個人的生日快樂，都是建築在媽媽的痛苦上，媽媽的愛真的是無條件，她

願意騰出身體的一部分孵育你，而且還不會跟你收房租，等你出生了還餵你奶、養著你，媽媽對孩子永遠都有一份擔心跟焦慮，怕孩子餓著了冷著了，這就是永遠的母愛。

畢業／開學之身分轉換節

我們有時候要透過某一件事，某一種儀式，某一種季節或是活動，讓自己變換不同的身分，例如有些部落會有成年禮，而我們有時候要透過買一樣東西（如：書包、筆記本、鑽戒……），或是做某一件事情，來轉變我們自己心中的那個身分角色。這些部分可以從平常的生活觀察做起：在不同的年齡段要做哪些事情、或是經歷哪些過程，你才能夠蛻變進階成另一種人，這樣的概念在文案裡經常會被運用到。

比方說有人換了一部車，買了一棟房子，換了一套衣服，買了一個包，她／他好像就感覺自己變成不一樣的人：變得更有自信、更有力量、更有勇氣、更有創意天賦，這就是文案的魔力。

案例一：誠品六月新身分節

當我在寫誠品 6 月份活動的時候，一開始很苦惱 6 月好像沒有什麼重要的節慶或活動，但是 6 月又要做個特賣，所以當時就定義一個叫新身分節，到 6 月也相當於一個年的中間，轉變、蛻變或是轉換心情，於是就成了所有人的新身分節：

所有人一到6月，都要換一個新身分。

丁丑6月，驛馬星移，紅鸞星動。

好不容易出生、好不容易畢業、

好不容易結婚、好不容易搬家。

終於找到新學校、終於找到新工作、終於找到新戀情。

所有的人一到6月，都要換一個新身分。

5月29日到6月28日，誠品商場全面開啟個人新檔：

穿一件新形象，喝一杯新口味，

戴一頂新頭銜，換一身新膚色，

6月以後一切reset，

從誠品開始，您的新生活。

案例二：誠品18周年慶

接續「身分轉變」這樣的主題，我在誠品18周年慶時，也寫了一篇以轉變身分為主題的文案。18周年慶，就相當於一個孩子滿18歲成人了，他開始有了自己的決定，自己的主權，他不再需要父母來為他負責——在寫誠品18周年慶，也相當於呼應一個18歲的孩子從幼稚轉為成熟的心境：

18歲獨立宣言：我，一個創造者誕生了！

18歲，

不是比17歲大一點這麼簡單，

那是一種神聖的聲明，

等於向全世界宣告：

從今以後，我已經可以完全獨立了。

我可以百分之百地決定，

之後人生的每分每秒

可以做什麼、值得擁有什麼、

能為這個世界帶來什麼非凡的驚奇！

當我想去旅行，就是背起包包走出門就好。

當我想跳舞，所到之地都是我的舞台。

當我想去愛，每個人都是我的戀人。

當我想唱歌，全世界都是我的聽眾。

當我想要自由，眼前的每一條都是我的路徑。

當我想去夢，整個宇宙的能量，都繞著我的夢成真！

不需崇拜偶像，不必聽命於誰，

當我決定開始對自己的命運負全責，

當我全心聆聽自己真正想要什麼，

此時此刻，就是我思想最有力量的時候，

整個世界都會聽我的。

活著，做自己，隨心所欲，就是最大的成就。

把自己活成一個最神奇的創造者：

從無到有、無所不能、心想事成，

活出最美好的版本，

好到不想跟任何人交換我的人生！

我們自己才是風格的決定者

這個世界，

因為我18歲，

因為我無上限的想像力、我的無窮盡的活力，

已經變得很不一樣了！

18 歲是一種心理年齡，如果你覺得可以為自己做決定，為自己負責，那麼你就已經成年了，但如果還在意別人的眼光，或者是很多事情還要問別人的意見，自己沒有辦法做主，那就算是 58 歲也一樣沒有活出生命獨立的自主權。

這篇文案不只是為了誠品 18 周年慶而寫的，也是為了每一個人內在自主、自我負責、活出真正自己的狀態而寫的成年宣言：我們自己才是風格的決定者，這是文案很重要的部分，不能永遠都是廠商主導，有時候要把決定權交還給消費者，讓他拿回自己的決定權。也就是說，文案要有一種引導的作用，帶領每一個人回到他自己的自主、自信、獨特以及他自己。

當時針對這個主題，誠品還辦了一個徵文活動，請大家寫下自己 18 歲時最想做的事情，就像是我曾經看過一部影片：如果你要給 18 歲的自己留一段話，你想要告訴他／她什麼？或許當時 18 歲的你正在彷徨，懷疑，沒有勇氣，沒有自信，現在能給過去的你什麼樣的建議？這就是帶領讀者、消費者在參與周年慶之餘，可以進一步映照自己的重要思考，這個主題也可以衍生出很多相關活動。

關於「身分轉換思考」這樣的主題在廣告文案上經常被引用，我想推薦大家看《內在英雄》，作者把人分成幾種不同的類型，但每個人都要經歷屬於他自己的英雄旅程，就是每個人在不同的年齡、不同生命階段跟真實的自己更貼近的過程：在學會用堅毅的紀律、意志力、奮鬥改造自己之後，又能夠與宇宙能量一起行動，並學會信任自我；走上探索之旅，回到天真的心態，發現信任是安全的，學會吸引同步法則的能力與大眾互動者，就是英雄典範。

　　身分轉換就是脫皮蛻變，相當於毛毛蟲變成蝴蝶，是進化也是演化。如果文案能夠透過眼前的一些物件事件節慶儀式，來協助消費者做為內心的蛻變，就能把廣告文宣拉到人生深度思考的議題。在這本《內在英雄》裡提到非常多深度的概念：

「發現真實的自己，每一分每一秒都要保持完整的狀態，忠於自己，需要無限的勇氣和紀律，在每個當下絕對真實的做你自己，當我們越有勇氣做自己，就有機會活在適合自己的社群中，這需要一個非常不同的世界觀；當我們改變的時候，真實也會改變。」

　　這樣的議題在現在與未來是很重要的趨勢，例如全球暢銷書《被討厭的勇氣》也在呈現這樣的概念——做自己是一個非常深度的人生課題，它不只是隨心所欲的狀態，而是要有非常強大的自信與自我根基，只有你能夠創造自己，只有你才能夠決定自己的人生，不應該被自己的過去束縛，你只能描繪你自己的未來，所以在講身分的轉換或者是蛻變，有很多心理學的

書可以參看，這樣就能讓文案有更高維度的思考，而不是只是寫一些吼叫標語或膚淺口號。

另一本書《人生的行銷企劃書》，裡面關於真實自我的概念，也是做為文案很重要的參考書，書裡提到幾個句子：「人的主要任務就是讓自己充分發揮最大的潛力才能，做自己才是人生的唯一目的。剛出生的時候，我們並沒有戴面具，像新鮮空氣一樣的清新跟自然，甚至不需要人工的香味，就能夠散發出純然乾淨的清香。所以真實的自我就是最核心的你，與你謀生方式無關，是與你顯得獨特的那些事物有關。眾所周知的幸福處方就是真實真誠做自己。」

平常看書的時候，你都可以隨手把「做自己」相關的句子畫線、折角並將書名頁碼記入靈感筆記本中，將來如果寫到關於做自己、自我成長相關主題的時候，就可以參考這些更深度的理論與概念，然後深入淺出的將它表達在文案裡，一方面讓你的文案更有深度，二方面讓看到的人不只是看到一篇文案，而是一段啟蒙他、改變他、蛻變他的很重要的文字。

情人節

每一年有幾個國際級的情人節：214 西洋情人節、314 白色情人節、520 我愛你表白日、農曆七夕情人節……愛情是很多商品或者是服務空間喜歡拿來做的主題，因為每一個人最渴求的就是愛。關於愛這個主題，我推薦一本書《愛之旅》，從情緒生理身體到跨國神話文化……裡面有非常多關於愛的深度

探討，是一本愛的百科全書。書中有很多經典佳句：

人類學家張克偉說，在研究168種文化之後，發現87%有浪漫之愛，其中大部分男性都會給女性食物或者小東西做為追求的禮物。愛改變了歷史，撫慰了野獸，創造了藝術，激勵了孤寂的人，使鐵漢脆弱，安慰了受奴役的人，讓堅強的女性瘋狂，使謙卑的人榮耀。愛是一個古老的異域，比文明更古老的欲望。有的時候人們會害怕面對愛，會把愛當成是一場心靈的交通事故，畢竟愛要求極度脆弱，我們把剛剛磨利的刀子交給某人，徹底的裸露自己，接著邀請他靠近自己，還有什麼比這更可怕的。

為什麼那麼多人愛聽情歌？因為在想像的渴望中，我們理想化了自己所欠缺的一切。當我們說墜入情網，彷彿就像是掉出飛機，一戀愛，你就陷入它濃稠的菜羹汁中，玩得兩端滑溜。無論你怎麼努力，想要爬出來，都會不斷的滑回去。

書中有一段描述埃及豔后的文字也很精采，可以做為一段時尚文案的參考：

埃及豔后，她的名字喚起了東方的神秘與浪漫，即便在她死後2000年，依然可以支配著男人的幻想，激起女人的嫉妒；她的魅力無窮，能夠駛入任何男人的生命，擄走他的心，是個渾身能夠散布官能的女人。她擁有的是風格，富貴華麗，變化多端，她一個人就足以唱獨角戲，絲緞與香水，面紗與寶石，異國風情的化妝與華麗的髮型。她能夠在陸地跟海上表演複雜的儀式，穿著豪華的衣裳，她也知道該擺出怎麼樣的場面。她最大的魅力就是埃及當時是地中海最富裕的王國，任何想要統御天下的羅馬人

都需要她的權力、她的海軍跟她的寶藏,她有著如礁湖一般的感官,如石英般使人魅惑,把你置於她的掌握之中,堅硬而純淨,她可能是蛋白石,也可能是打火石,她可以包容火,也能夠引火。石英與意志或欲望無關,這是一種礦物式的愛,蝕骨,而且使人銷魂。

深度的文化閱讀,是寫文案很重要的參考地基——這麼一段文字,讓你看到愛很有詩意,也具美感。當你在寫「愛」的時候,可以把那種深度的美與魅力,用非常有力道的文字精煉出來。

案例一:誠品情人節書展

我為這個書展標題定為:新「書」情方式,用書來表達感情,把愛情這麼小情小愛的事寫成非常跨時空、跨歷史、跨時代的大格局。

新「書」情方式

閱讀戀人,戀人閱讀
此刻你正被閱讀。你的身體在接受系統性的閱讀,
透過觸覺、視覺和嗅覺訊息管道,
還穿插著一些味覺的蓓蕾,聽覺也扮演著它的角色,
警覺到你的喘息與震顫。
愛人閱讀彼此的身體,
他可以從任何一點出發,跳躍、重複、後退、持久……
——卡爾維諾《如果在冬夜,一個旅人》

亞當閱讀夏娃，找到上帝創世紀中不存在的祕密花園；
沙特閱讀西蒙‧波娃，
發現一本不是用荷爾蒙書寫的愛情白皮書，
羅密歐閱讀茱麗葉，相信愛情不能得永生，
卻比任何事情都值得去殉教。

情人書展以動感、有影像的文案，描述戀人之間彼此閱讀的過程。此外我也推薦一本愛情必讀書：羅蘭‧巴特的《戀人絮語》，裡面有非常多深度詮釋愛的哲思佳句，例如：「希臘文裡面有兩個不同的字眼在形容愛情，第一個是渴求而望不見的情人，第二個對眼前的情人更加熾烈的欲求」，不僅是我寫文案的靈感，也觸發了我寫很多本愛情主題相關的書：《時尚感官三部曲：情欲料理、食物戀、戀物百科全書》、《都會愛情三部曲：愛情教練場、戀愛詔書、愛欲修道院》、《愛情覺醒地圖》——愛是所有創作文體的共同主題，也是每個人的親身生命經驗，無論是有沒有情人，愛永遠都是每個人心裡最大的欲望。

案例二：中興百貨七夕情人節特賣

如何把浪漫至上的愛情，與接地氣的促銷打折完美地融合在一起寫成文案？你可以先思考一下，如果由你來寫一篇七夕情人節百貨公司打折的文案，你會怎麼寫？

七夕的愛情經濟學

平時省吃儉用的愛情狂熱份子，

終於買下一條比存在主義更真實的，

70年代反戰十字項圈。

對西西里永遠忠誠的女人，終於奇蹟式地找到一件，

折扣多一些、圖樣少一些的漁網式背心。

為了要寫這篇七夕情人節文案，我大量閱讀與愛情有關的書籍與電影，在寫文案之刻我也同時在寫書。一旦觸及了「愛」這個議題，它就像是一個無盡藏的寶礦，各種各樣各類型的文字創意靈感都會跑出來，而不會只限於文案。所以我很喜歡有一種說法：

一個真正的導演，他絕對不會只安於做一個廣告片的導演，他內心裡面永遠都會有一個想拍電影的欲望，內在真的想要成為一個電影導演。

對一個文案也是，他絕對不會安於做一個文案，他的內心藏著一個作家、詩人，甚至是一個小說家，因為這屬於同一種創作能源。如果文案只是文案，他不是一個作家，那意味著他的深度還不夠創造各式各樣的文體。同樣的，做為一個廣告美術設計，如果他的底層有非常豐厚的寶藏，他絕對不可能只會做廣告設計，他一定還能夠素描、繪畫、插畫、雕塑、手工藝……因為這是同一個源頭。

如果你要做為一個好的文案，理當要把自己拉高或拉伸為一個作家，文案只是這個作家的其中一個花瓣，它不是全部，

這樣子你的文案才會有很深的底蘊。

我在寫這篇文案時，同時也在寫《情欲料理》的〈黃昏之戀〉，我用食譜體來寫不同的愛情形式，而食譜體也是最接近詩、文案的一種形式。

黃昏之戀
材料及做法

第一步驟：用風霜來料理過去的情史傷痛，撒上智慧的銀髮，濾出青春美貌的無常假象，釀出相知相惜的對待。

第二步驟：把後半截的人生取出來，化冰以武火重新滾燙熱情，約黃粱一夢時刻，改以文火慢慢熬。

第三步驟：調入養生汁通脈滋養，抹上紅潤，保持戀愛的色澤，讓緣分延年益壽。

第四步驟：口味平淡為宜，以禪道共修，不定期撈除浮在表面的飽和油脂以及甜言蜜語，以防愛情膽固醇過高。

第五步驟：依照情況加入鈣質強化誓言，膠質堅定至死不渝，即可起鍋。

功效：補氣益精，暖身防老，可防中風、性衰竭、愛無能。未老先衰者不宜服用。

這段文字不僅是有趣的文學創作，也很適合放在給老年人的保健食品，或是銀髮族專享的黃昏餐廳，可以緩慢用養生餐的地方。

父親節

一提到父親，大家可能印象最深刻的是朱自清寫的〈背影〉，講的是父親送他到車站，然後買橘子給他的那段文字。文中有三段話，每個人一看到，都會想到爸爸對自己無怨無悔的父愛：

我說道：「爸爸，你走吧。」他往車外看了看，說：「我去買幾個橘子去，你就在此地，不要走動。」我看那邊月台柵欄外有幾個賣東西的等著顧客。走到那邊月台，須穿過鐵道，須跳下去又爬上去。父親是一個胖子，走過去自然要費事些。我本來要去的，他不肯，只好讓他去。我看見他戴著黑布小帽，穿著黑布大馬褂，深青布棉袍，蹣跚地走到鐵道旁，慢慢探身下去，尚不大難。可是他穿過鐵道，要爬上那邊月台，就不容易了。

他用兩手攀著上面，兩腳再往上縮；他肥胖的身子向左微傾，顯出努力的樣子。這時我看見他的背影，我的淚很快就流下來了。我趕緊拭乾了淚，怕他看見，也怕別人看見。我再向外看時，他已抱了朱紅的橘子往回走了。過鐵道時，他先將橘子散放在地上，自己慢慢爬下，再抱起橘子走。

到這邊時，我趕緊去攙他。他和我走到車上，將橘子一股腦兒地放在我的皮大衣上。於是撲撲衣上的泥土，心裡很輕鬆似

的。過一會說：「我走了，到那邊來信！」我望著他走出去。

他走了幾步，回過頭看見我，說：「進去吧，裡面沒人。」

等他的背影混入來來往往的人裡，再找不著了，我便進來坐下，我的眼淚又來了。

當你看到這段文字，你瞬間就看到朱自清的父親翻越柵欄的辛苦畫面。講到父親，每個人都有自己的故事，台灣大哥大行動文學獎裡就有好幾篇作品在講父愛，其中有一篇是爸爸留話給兒子：

你媽還在氣頭上，所以我沒辦法幫你開門，但門沒有鎖。

你從這三句就看到媽媽扮黑臉，爸爸變慈祥了的那種似曾相識的共同記憶。

還有一篇得獎的作品，這個也是爸爸留給兒子的，他說：

兒子，爸爸送便當來了，請問你讀幾年幾班？

我對這作品很有感覺，是因為我爸爸也是這樣，他工作忙到始終搞不清楚我跟弟弟念幾年幾班。

我還記得看過一則廣告，它的文案標題是：有一種失敗，是很榮耀的，照片是父親在跟孩子在打高爾夫球，因為父親就算輸給兒子，也是很得意的，表示父親永遠都會把你放在他的前面，希望你比他更好更成功。另外有一篇中華汽車得獎廣告也很讓人難忘：〈世界上最重要的一部車，就是爸爸的肩膀〉，我們常會看到爸爸把孩子放在他肩上，讓孩子用更高的

角度看世界，這句文案很動人，因為會讓你看到父子深情的畫面，所以平常就要勤於記錄你所觀察的每一幕動人的畫面與故事。

在台哥大的行動文學獎裡，還有一篇是女兒寫給父親的：

爸，如果真的那麼不想去看醫生的話，那麼就當成去看護士。

你現在就可以開始觀察自己或身邊的人，與父親之間動人的情節，然後放進靈感庫裡，將來可以長成文案、散文、小說、歌詞、電影、舞台劇……豐富的創作森林。

案例：中興百貨父親節特賣

關於父親這個主題有好多角度可以寫，可以從父親的角度、兒子的角度、女兒的角度、太太的角度來寫，都可以寫出不同的情感面向。當年我幫中興百貨寫父親節文案，寫的標題是：除了懷胎十月，他做的不比媽媽少！當時想要用幾個歷史上的重要名人與典故來寫這篇文案：

除了懷胎十月，他做的不比媽媽少！

愚公把兩座大山移開，他的兒子們從此不必再繞路上學。
后羿射日，不忘留一顆太陽給孩子們取暖。
佛洛伊德想從孩子的睡姿，猜出他們渴望的生日禮物，
　所以完成了《夢的解析》。
為了回應「爸爸回家吃晚飯」，西西弗斯把石頭擺好，
　回家過父親節。

我重新改編這些關於父親的神話：他們勞動在外，其實心裡掛記的都是家人跟孩子。平常可以多看與父親、父愛有關的電影、短片、動畫片、紀錄片，或者是廣告片，例如：李安《飲食男女》，呈現一個滿桌過剩的父愛，女兒覺得有很大的壓力，這電影啟蒙了我寫《食物戀》其中一篇〈山珍海味的父愛〉，來表達爸爸都會帶我們去吃最好的餐廳，因為這是短暫相聚時光裡，他唯一能表達父愛的一個方式：

朱自清從手中的橘子感覺到父愛，我則是在天母大大小小的高級餐廳中，從山珍海味裡品嘗既昂貴而美味的父愛。高島屋頂樓的日本料理，新光三越的泰國菜，德行東路上的海鮮餐廳，忠誠路上的鐵板燒……我們一家四口各自排除萬難，在每周六晚上固定吃飯，一周聚一次的時光很寶貴，爸爸雖然不會做菜，卻都選最好的餐廳，叫最貴的套餐，有專人服侍配菜的優雅排場，豐足地餵養我們姐弟，以表示一周以來他量少質精最貴的父愛。爸爸的權威從決定餐廳開始，然後決定座位決定菜色。但他總是細心的記得，弟弟愛吃牛肉，我每餐必點湯、甜點、特愛吃炒腰花。媽媽不愛油炸和高膽固醇的海鮮，以及得幫家裡的狗帶一碗熱騰騰的白飯。爸爸樂於帶著他一雙兒女外出，讓別人看到我們全家幸福團圓的模樣，其實大部分時間我們都是聚少離多。我們在餐桌上擴大一個禮拜最快樂的事，談天下政事八卦，談自己的成績成就，談光明的未來，我們在這麼昂貴的餐桌上，向來都是報喜不報憂，思念從舌頭開始，永遠過飽的精緻美食，真的足夠我們消化一整個禮拜想家的食欲。向來給我們很多很多的爸爸，讓我們在父親節很難送他什麼禮物，該好好請爸爸吃頓飯吧，我很沒創意的這麼想。

這原是我的一篇專欄文章，後來也收錄進自己的文學創作《食物戀》，但同時這也可以是一篇文案，如果有一家餐廳在父親節有促銷活動，餐廳可以邀請孩子們在此好好請爸爸吃一頓飯，然後表達對他的感謝——我覺得創作與文案是沒有辦法分開的，因為平常都在思考，只是在某些時間點它可以變成文案，有些時候它會變成創作。

此外，平時多收集「父親節」各大品牌的文案，例如：「我活成了偶像，就像你當年一樣——Jeep 汽車」、「爸爸說『想你了，你媽說的』，爸爸的愛總是嫁禍給媽媽——王老吉飲品」，還有關 BLUESAiL 藍帆一系列「愛要及時」的文案：「我說流量管制飛機會晚點到，爸說怕堵車他還是會早點到」、「爸常對我說省點花，但更常說的是夠不夠花？」……這些句子會引起共鳴，因為都是從生活而來，趁現在有記憶，把你還記得的對話情景寫下來吧。

秋

秋天，你會聯想到什麼？秋天對你的意義是？你度過了幾年的秋天？哪一年的秋天對你別具意義？你看過哪些描述秋天的詩、文章、故事、繪畫，或是聽過與秋天有關的歌詞、音樂？你可以寫出哪些顏色的秋天？你覺得秋天是什麼氣味？你有過哪些秋天的記憶？這些都是你的秋之編年史。

如果你可以想到這麼多、這麼深入，意味著你的靈感庫是滿的，之後有任何商品或任何空間服務要你寫文案，你已經準

備好這麼多的點子，只要找到相應的客戶商品就可以蹦彈出去。我記得我在寫誠品商場秋特賣的文案時，我同時也在寫一部微小說：《帶酒逃亡的秋》，滿腦子跑出各式各樣靈感，我就把比較光明希望的放進文案，帶有小小憂傷的部分放進我的微小說創作裡，所以創作對我而言是沒有辦法純粹光明或純粹黑暗，實際上就是一體的：有光明，有黑暗，就像有白天也有黑夜。當靈感滿溢時是可以同步創作，也可以同步寫文案，寫文案跟寫詩是同一個靈感庫。我的創作也有兩面，地面上的是文案枝葉，地面下的是創作之根，同步生長，同步書寫。這篇《帶酒逃亡的秋》，我放進文案作品集《廣告副作用》裡，其中有幾句話也非常具有秋天的禪意，因為我那時候正在寫秋天的文案，正在思索秋天的意義，而這樣的微小說也可以變成微電影、微短片。

帶酒逃亡的秋

我是夢，帶酒逃亡。
用A面的臉去愛，用B面倒帶回去夢，
夢到不甜的世界甜甜的人。
甜甜的人跳過自己黏瘩瘩的影子，背著重重的家，
向一個失婚的男人求愛。
酒醉後，男人哭成高齡嬰兒，酒精濃度等於零。
這朵莫斯科的玫瑰，在巴黎開成滿眼的野薑，
那個被求愛的人，騎著腳踏車，
壓過野薑去追年輕初戀的那個晚上，
月亮默默地給著夜晚，沒有一個是他要的。

秋天是四個季節裡最有情緒、最有故事性的一個季節。因為它即將要離開酷熱的夏天，要往寒冷的冬天移動，所以秋這個季節可以說是冬天跟夏天的混合，不會太熱，也不會太冷；而且秋天的樹葉有很多的變化，無論是楓葉或者是欒樹，它都呈現了一種很詩意浪漫的紅色。此外，秋天也是豐收後休息的幸福季節。之前提過「忠誠路上，秋是善變的」文案就是以「秋」多變的特性來寫的，除此之外，還有哪些「秋」的特性可以做為文案的主題呢？

秋特賣
案例：誠品商場秋特賣

　　對我來說，「秋」還有另外一個特質，就是它有雙享的權利：可以繼續享受夏天，也可以同時提前享受冬天。例如在秋天可以開始吃麻辣鍋，但還是可以繼續吃冰；可以繼續穿迷你裙，但可以提前披上圍巾和穿上馬靴——秋天可以同時享有夏天跟冬天的時尚元素，是最好混搭的季節，不僅在穿衣上的混搭，生活上的混搭，在個性上也可以混搭。也就是說，秋天你也可以像冬天一樣躲藏起來，也可以像夏天一樣出去冒險，一點都不奇怪。

　　我已經幫誠品寫了十多年的文案，每一年都要寫秋天的時候，我就會想今年的秋天對我的意義會有怎麼不一樣。我發現秋天原來是一個雙倍享受、雙倍豐富的豐收季節，當我決定用這個概念寫的時候就很簡單。

秋之雙饗，富可敵國

太陽南移，日照漸短，
候鳥開始轉向，
在各地旅行的人一一回國。

你可以繼續吃加蛋雪花冰，也可以開始吃麻辣鍋。
你仍獲准穿膝上貼身迷你裙，
但可以開始穿咖啡色鱷皮短靴。
不必脫掉淺橄欖無袖背心，不過可以開始披上針織毛衣。

這是一個最接近普羅旺斯的季節。
保留夏天放肆的權利，往來秋色的詩意，
跨時令的雙重享受，
在誠品的每一個人，都可以富可敵國地，
享受雙倍資產的季節──

把兩個季節混搭，在生活中呈現出雙饗的視覺景色，我的文案要讓大家看到一幕一幕很混搭的秋天，所以我在文案的最下面還寫了四行「準備秋天」的心情備忘錄：準備晚上越來越長，白天越來越短；準備從夏天換到秋天的時令菜單，換服裝也換心情，外面的樹葉與花顏色都不一樣了。

準備上學，準備還願，準備變長的夜生活，準備新的體溫，
準備新時令菜，準備新裝扮，準備新花種，
準備一個耐寒的木本情人，
準備好對待別人的新方式……

你對秋天有多少情緒，多少感覺，多少想像，寫出來秋天的方式就完全不同——只要帶著詩意來欣賞秋天，放進商品或者是空間服務的文案裡就很秋意動人。

中秋節

一提到中秋節，大家一定會想到的是月亮，關於中秋節月亮的古詩詞中有非常多經典的句子，例如李白寫的「舉頭望明月，低頭思故鄉」、「舉杯邀明月，對影成三人。我歌月徘徊，我舞影零亂」、「長安一片月，萬戶擣衣聲」……還有蘇軾的〈水調歌頭〉：「明月幾時有，把酒問青天，不知天上宮闕，今夕是何年，人有悲歡離合，月有陰晴圓缺，但願人長久，千里共嬋娟。」

這些詩詞都能勾起我們對中秋節的特別情感。雖然大家都知道中秋節是團圓最重要的節慶，但投影到每一個人心裡的卻是代表不同的意義，於是每一次我在寫中秋節文案時就開始思考，月圓或者是月亮對於我們地球的意義是什麼？我們每一天都可以看到月亮，每個月都有月圓，為什麼中秋節會讓人有特別的情緒情感？那是因為有了嫦娥奔月，有玉兔搗月的神話故事，讓我們在中秋節那天看月亮，就有了像電影一般的故事，於是中秋節那天的月亮就特別不一樣，再加上有月餅、烤肉、柚子，為我們的中秋節加了特別的味覺與嗅覺。

案例：誠品商場中秋節特賣

呼應嫦娥奔月的故事，中秋節，是在地表上每一個人會抬頭望月的時間，每個異鄉遊子在這天望著滿月思念親人愛人渴求團圓，心靈很想投奔回家。

當我要為誠品商場寫一篇文案，就勢必要對月亮有不一樣的說法：

地球越來越需要一個可以投奔的地方

家沒有大小，有家人的地方都是團圓。
地球越來越需要一個可以投奔的地方，
地球的煩惱越多，每到夜晚一不開心，
就越需要一個可以投奔的地方，
依賴久了，就更不能失去月亮。
中秋節那天，以浪漫的緣故請半天假，
找一個情緒的地方，換一種團圓的坐姿，
用尺丈量她的最大極限，以眼神排練她一晚的行蹤，
用想像力揣測她的神話、她的緋聞；
用身體感受它的潮汐……
為了另一種荷爾蒙的刺激，這一次要從落日看到月出，
以輿論證明，秋天真的來了。
在這個**月演月烈**的中秋節之前，
找到一個離家，離星星都近的奔月地方，逃走……

我們可以在中秋節感覺到情緒潮汐，感覺到我們的想家，或是思索自己的出處未來，有點像是我們在地球周圍最接近的避風港。

在中秋節的月圓，象徵著秋天一個很重要的指標，像是一個轉捩點，因為月亮自這天之後，它所能夠讓我們看到的面積就會越來越小，當月亮要從月圓慢慢要轉向月缺，就是能量慢慢遞減的過程，可以讓自己許「越來越少」的願望，比方身上的肥肉越來越少、煩惱越來越少……等到新月那天，月亮開始越來越圓，你就可以許「越來越多」的願望，比方說財富越來越多，靈感越來越多，朋友越來越多，快樂越來越多。其實月亮跟著我們每個人的情緒以及未來的願景息息相關，所以我寫了「月演月烈」，把「越」改成月亮的「月」，月亮在展演，也在表達它熱烈的情緒——「越」與「月」同音，本身就可以做很多轉譯，也會形成另外一種味道的雙關語，例如「月」來越美麗、「月」來越有趣等等。

孿樹節

每個地方應該都要有不同季節的花、樹，來給予那個城市或鄉村特殊的表情。你可以想一下，你所住的地方或是現在所待的地方，春、夏、秋、冬各有哪些花或樹形成這裡特別的樣貌？當然也可以透過旅行的時候練習，比方你去看了佈滿櫻花、楓葉、牡丹、向日葵、薰衣草、紫羅蘭、鬱金香的地方，你該怎麼描述那種被顏色占滿全環場的那種感覺？這就是第一

步練習。

我以這篇文案來做一個示範——誠品忠誠店 10 月欒樹節，忠誠路上都被欒樹花把整條街道染成了橘紅色，真的非常美。我自己是從四歲開始就住在忠誠路上，每一年最期待的就是在 10 月的時候看到整條路的花帶，以及地上全落滿了橘紅色的花瓣。當誠品忠誠店舉辦欒樹節，我腦袋就開滿了欒樹花，所以這個案子一下來，我只要把腦袋裡的記憶庫下載就行，渾然天成地瞬間完成了。

天母第三次欒樹情報

在森林絕跡，綠色逐漸消失的城市，
天母用一整條的欒樹道，
家家戶戶用窗前的盆栽、空中的花園、一樓的園藝、
手中的花束、櫥窗中的玫瑰……
光復天母的綠意盎然。
忠誠路上，1600棵欒樹的距離，恰好串聯三座公園，
準時出爐的麵包店，沿路招客的啤酒屋，
老是塞車的高島屋百貨、
一家留大面窗看樹、看Shopping的誠品忠誠店，
也連接了人跟人的距離。

在誠品忠誠店有迎面的大落地窗，坐在窗邊喝咖啡、看書，會看到窗外這一整排的欒樹，是很有詩意的。我在寫這篇文案的時候，基本上就是在記錄我所看到的，文案提供讀者各式各樣

的視角，比方行人走在這條路上的視角，從二樓往下看整條街道的視角，或是可以拉到更高，像是一隻鳥俯瞰的視角……這就是寫文案很迷人的地方，可以像導演一樣，透過文字鏡頭帶著大家來看不同的美。

> 很少打交道的天母人，選舉的時候，
> 在欒樹上懸掛起自己的主張。
> 很愛逛街的天母人，
> 冷氣房出來就靠欒樹林森呼吸。
> 提早放學的小孩，
> 最先被這排欒樹接走……
> 除了房子愈來愈多，流行總是優先抵達的幸運外，
> 天母人還保有看欒樹長大，變化的幸福。
> 就像秋天讓京都一夕楓紅，
> 忠誠路因為有欒樹，
> 一下子所有的人和天母，都染成了很舒服的酒紅。
> 天母第三屆欒樹節，10月10日到10月25日為止。

這是當時我寫得最舒服的文案，我以天母人的角度來寫這個欒樹節，當時我也主動要求想在這篇文案旁邊附上一張「天母欒樹地圖」：我先手繪一張草圖，把忠誠路整條沿街的驚喜點都畫出來，希望能夠附在文案旁邊，給每一個來誠品商場忠誠店的人，可以沿著欒樹的路徑去享受每一個店家的精采。

當時我也建議誠品與周邊店家做串聯，無論是麵包店、啤酒屋或者是學校，在這張天母欒樹地圖上我標明了幾個很生活

的句子，比方有人會在路邊賣燈、賣娃娃、招財貓或是一籠籠的鳥，有噴泉，有直排輪鞋的公園，有沿路招客的啤酒屋，有一所明星中學，有人聲鼎沸的高島屋百貨公司，有一所很安靜的聾啞學校，有一些賣名車的櫥窗，有新鮮螃蟹出售的菜市場，有幾間非常好吃的日本料理店，很有氛圍的露天餐廳，有天母異國風味的日僑美國學校，還有留著大面窗看書、Shopping 的誠品天母忠誠店……當時在畫這地圖的時候，也希望每一個從外地來天母忠誠店的人，可以欣賞整條欒樹道的美，以及特殊的生活氛圍。

　　如果你對這個地方有深厚的感情，你不會只是寫出表面的文案，你會希望向大家表達住在這裡生活的美好。有個小故事想跟大家分享：有一個老人，他坐在兩國邊界，有個人要從 A 國到 B 國，他就問這個老人：請問 B 國好不好玩？老人問：那你原來的國家呢？他說：不好玩，太無聊了。老人就回答：那 B 國也不好玩，很無聊。另外一個想去 B 國玩的人也問了相同的問題，他說他的國家非常的好玩，有很多驚喜，那裡的人也非常好，老人說：那麼你要去的國家也是如此——當你能夠很開心、很驕傲的說出你家鄉有什麼獨特迷人的地方，而你獨特的觀點將會帶著你去探索世界的每個地方，也都能被你發現到更驚奇的深度美好。

冬

　　我記得有一次冬天帶團到日本，有個團員看到乾枯的樹覺得特別感傷，我跟她說那是因為你內在有一個很深的感傷，所以你看到什麼東西都是感傷的，你為什麼不能看到美好的部分？這棵樹要挨過寒冬，它必須要卸下所有樹葉，只保留它內在最核心的生命枝幹，因為只要它守好這個枝幹，就能保護好它的生命地基，等到春天就可以重新再冒出枝芽，再重新開花。我說，人也應該要有四季，當你遇到比較艱難的時候，就像冬天，你保留最重要的部分，最核心的枝幹，比方你與家人的平安健康，你與家人的快樂幸福，其他不必要的過多欲望重擔、對自己過多的壓力，或是別人投射給你的期望，都應該把它卸下來，只先保留生命最重要，最核心的力量跟地基，等到回春、返夏，你就能擁有全新的生命，所以我是這樣在看冬天之必要，冬天之美。

　　冬天對我而言，就相當於是一年的尾聲，開始想念這一整年下來有韻味的人、事、物。所以冬天適合沉澱、反思的時候，這就是為什麼秋收之後一定要冬藏，因為我們生命也要固定有一段沉澱的過程。

冬特賣
案例一：誠品商場冬特賣

　　對於一個商場的冬特賣文案，我們可以怎麼寫呢？你可以想冬天有哪些特質？把所有特質都寫在一張單子上，依據你所

寫的特質去找到對應的商品。冬天氣溫較低，冬特賣代表售價比較低，所以低價、低溫可以是一個文案點。我在寫誠品商場冬特賣的文案時，就是用這樣的標題：

低溫低價・冬季採買計畫

針對這個標題，我開始找報紙的經濟版，去把相關的經濟用語標出來。因為我要講的是低價、划算，所以當時報紙經濟版裡有一些專有名詞，比方內線交易、交叉持股、歐元上市、強勢貨幣、黑馬股、回補、翻空收紅、振興經濟景氣、護盤、基本面良好、追加信心、違約交割……我就把從報紙經濟版裡圈出來的關鍵字，配上流行的物件來寫一篇有經濟版風格的文案，所以寫得很好玩：

> 索羅斯對於一件日式長風衣，採取投機性的內線交易。

意味著已經打聽到了誠品要冬特賣，所以趕緊對於已經覬覦很久的一件長風衣下手，彷彿拿到了內線交易的訊息後趕快去買。

> 女會計師和姐妹淘們，
> 對於湖綠錦緞外套配淺橄欖色的長裙交叉持股。

有兩位身材差不多的姐妹淘，她們買下很美的套裝，彼此可以交換穿：今天你拿外套去配你的牛仔褲，我拿長裙去配我的白襯衫，這叫交叉持股，如果你寫交換穿就沒意思，但是寫交叉持股就有經濟版的概念。

> 外匯首席交易員趁歐元上市的蜜月期，
> 加碼買進義大利小牛皮靴做為美麗的強勢貨幣。

因為當時寫文案的時候歐元才剛上市，趁現在正划算趕緊買義大利小牛皮靴，因為它以後就是美麗增值的強勢貨幣。

> 法人選中三檔流行黑馬股，趁打折連續三天回補，
> 個人形象翻空收紅。

可以找到一些流行的物件，趁打折趕快把它買回來，形象就會翻空收紅。

> 政府為了振興經濟景氣，在皮裙低檔時多做護盤，

當皮裙價錢比較低的時候，可以多買幾件來做護盤：護盤是雙關語，一方面是經濟上的護盤，一方面是保護你的骨盆／底盤的意味。

> 外資則持續對於基本面良好的冬季保濕保養品追加信心。

為什麼是「基本面」良好？基本「面」也代表你的臉，為了要讓你的基本面良好，你可以多買一些保濕、保養品來增加自己的信心，我在這篇文案用經濟版的專有名詞都是雙關語，來維持著整篇文案的風格一致。

> 盛傳有人對於心儀已久的喀什米爾羊毛衫，
> 以半價之譜違約交割一事，
> 你可以到全省6家誠品商場去打聽。

意思是：已經打折打到半價了，真像是違約交割，所以可以對你一直想要的喀什米爾羊毛衫，趁半價就趕快下手。

你平時也可以大量收集「經濟」用語，在促銷活動的時候很好用喔。

案例二：遠東百貨冬特賣

在接遠東百貨冬特賣文案時，客戶給我的年度廣告主題是「復古」，冬天是很容易讓人反思、沉澱、回憶的季節，所以復古也剛好搭上這樣的氛圍。我在想，一個人的回憶越多，代表他的生命是越豐富的，當一個人能復古，也代表著他生命有很多值得回味的地方，所以我就根據這個概念，來幫遠東百貨冬特賣寫一篇文案（節選）。

復古就是最大的奢華

一年的尾聲，開始想念起很多東西。
想念十多年沒見的老朋友，
想念轉角那家麵攤的老師父，
想念在夢裡徘徊不去的老口味，
想念風景明信片裡的老街風情。

想念，是時間給我們最美的特權。
復古，是時代給我們的最大奢華。

大遠百華麗復古風潮，

把過去整個年代最美好的經典，
一次帶回到今年的冬天。
就讓我們披上一件古意的上海棉襖，戴上一項貝雷帽，
穿一雙70年代的印花楔型鞋，
在櫥窗前，溫存所有的榮華富貴。

如果你有很多的回憶，很多的老朋友、老口味、老記憶，
那意味著你生命是有很多的故事可說，也比別人的生命更豐
厚、更奢華。這裡的奢華並不是代表昂貴的意思，而是代表很
有底蘊，因為時間是很奢侈。

因為客戶給我的廣告照片，很多都是穿著老棉襖但搭配很
時尚的貝雷帽，所以延續了遠東百貨復古混搭的風潮。這是一
篇大型的、一整本的文案，我必須要搭著同一個主題，幫每一
區塊的商品類別做一小段附屬文案：

時尚服飾篇

把過去時代種種的華麗，
在手中把玩起我們自己的風格！

流行的生命越來越短，所以輪迴的速度就變快了。
把18世紀風格的假扣、40年代的蕾絲、50年代的線條、
60年代的格子、70年代的緞帶、80年代的牛仔……
全拿到今年夏冬來一次想念。

用完第凡內早餐、看完北非諜影，讓我們開始玩吧：
把記憶中的奢華，放在超現實主義的童話剪裁裡。

把舊時尚的永恆經典，

放在新時代的遊戲中結構，做一場漂亮的蒙太奇處理。

今年冬天的復古風，

讓奧黛麗‧赫本、Mick‧Jagger、詹姆斯‧龐德……

全都復活了，

在大遠百的無國界、無時代分野的流行版塊上，

一次溫習

搖滾歌手的反叛、龐克的頹廢、莊園貴族的華麗。

這些句子都是我以客戶所提供的型錄，把每一張照片都當成是劇照在看，然後衍生成一幕幕活生生的人、一幕幕動態電影。所以當你在腦袋裡跑出劇情人物的時候，就可以把影像轉譯成鮮活的文字，這個方法如果你每次遇到機會就練，就會建好「心腦影像自動生成系統」。

流行配件篇

科技的腳步越快，我們就越需要一個不變的美麗

戴上有魔力的粉水晶來改變愛情磁場，

戴上吸血鬼害怕的土耳其藍十字架避邪，

戴上檸檬綠蝴蝶與紫羅蘭花來祈福，

戴上七彩的情愛話語治療失眠。

賈桂琳‧甘迺迪的華麗珠寶，與有靈氣的水晶玉石一起流行，

有了這些美麗魅惑的行頭，

今年秋冬所許的心願，將奇蹟式地一一實現。

首先要有這商場裡幾個代表性的配件，針對這些給它們故事，然後再從這些小故事去串聯一個大的場景，這些就是在寫商場文案時很重要的點：「你有沒有辦法把每一個品牌物件都復活」，就像電影《博物館驚魂夜（Night at the Museum）》，我平時去逛美術館、博物館時也會玩「1、2、3 木頭人」這個遊戲：當我走過一個展廳，走著走著會隨時突然回頭看著某一件雕刻作品，立即想像它如果動起來會是什麼樣子、什麼表情、他打算做什麼，這練習對於未來進入 VR、AR 時代的想像能力很有幫助。

　　當你找到每個品牌背後的魔力，或是你有辦法拿著某產品的配方就能寫出生動的文案，你可以發表在你的臉書、Line、Ins，當你文案有辦法詮釋的比他們還好、夠有風格的時候，自然會有很多人幫你轉發，也會有品牌廠商主動來找你寫文案——當你文字有光芒，你完全不用怕找不到工作，找不到案子，因為他們會來找你，甚至於將來變成他們的御用文案，你的機會是源源不絕的。

耶誕跨年春節特賣

　　每一年 11 ～ 12 月，就是許多購物節活動密集的開始，從 1111 購物節一路到耶誕節、西曆跨年、農曆跨年，各品牌廠商窮盡各種花招來吸引消費者進入「節慶購買禮物」的氛圍。平時多多觀察並累積各大品牌在這段時間的活動與造勢文宣，是一種可長可久的好習慣。

案例一：誠品聖誕節特賣

耶誕節是品牌廠商經常拿來做為文案主題，因為它與送禮感謝有關係。你可以列出耶誕節對於各種人的各種意義：感恩、感謝、反思、回憶、聯繫彼此感情……寫出你所能夠知道的一切；接下來列出你要寫的是商品服務、空間、還是概念，然後從中去找交集。

聖誕節，我直覺想到是聖誕老公公、聖誕襪、聖誕樹、聖誕禮物、烤火雞……無論是基督教或非基督教徒來說，這一天是非常適合感恩跟感謝的，大家可以互送卡片、送禮來維繫彼此之間一年的祝福與情誼。

12條聖誕的秘密通道

這是今年最後**1**次狂歡的機會。
用信用卡預支豐盛的聖誕大餐，
2人同行，會有特別的折扣。
走進用棉花充當雪花的禮品店，
買**3**雙長襪勾引不同國籍的聖誕老公公。
打聽最靈驗的算命師，
用**4**種方法來預言明年的運勢。
用想像力設定**5**種身分，
在網路上找不同的情人，實驗自己的最大可能。
在行李箱外寫上**6**個最想去的國家，並開始打電話找玩伴。
做好新的理財計畫，讓明年存有**7**位數的財富。
找回**8**件丟掉的東西，

例如手錶、電話本、身分證、抵抗力⋯⋯重新對待。

給情人**9**個愛你的理由，無怨無悔的陪到天長地久。

每天做伏地挺身，讓自己多活**10**年。

從薑餅屋出來遇見的第**11**個人，是你的前世情人。

今年最後一次鐘聲第**12**響，你將有1999個願望可以實現。

商場裡面有很多的東西，每一樣東西都可以對應到一個特別的意象，或是一個購買的理由。因為聖誕節在 12 月，所以用 12 條聖誕秘密通道，來表達 12 種創意過聖誕的方法。

在整篇文案裡面，從 1 到 12 的數字都是特別標紅色，讓整篇文案看起來從 1 到 12 是可以貫穿的。在文宣設計上也把這 12 句文案相當於 12 條通道，以扇形方式打開。所以當時在寫這文案的時候，也必須要考慮到視覺設計在版面上怎麼呈現這樣的概念。你可以針對你的商品，或者是空間服務，想一下，會使用這些空間或商品的消費者是誰？你能給他們怎麼樣創意的過耶誕節的方法？或是提供很有創意的方法去感謝他們身邊重要的人？

案例二：誠品跨年許願活動

有一年誠品跨年許願活動，他們特別設計了一面牆，每個人可以畫一張小卡片貼在那面牆上，大家可以走過去看看彼此的跨年願望有哪些？有點像是日本神社掛的許願牌。關於跨年許願或是耶誕節都是非常好想活動，所以我在接下這個跨年

許願活動文案，我先在腦袋裡想像，會有哪些男人、女人、老人、小孩，在這裡許什麼樣的願望？這是我在日本旅行時看到大家許願的畫面時的靈感：

找一條夢想的地平線，建一座許願牆

找一條夢想的地平線，
把期待凝結成一塊塊願望的磚，
砌成一道信仰未來的牆。
然後塗上跨年溫暖的色彩，
所有的人都心誠則靈。
誠品送給每一個人的許願牆，
請留下你的手印及簽名，
或是填好一張許願卡，
閉上眼睛交付希望，
你所有的渴求，都將如願以償。

案例三：誠品過年書展

當我寫「誠品過年書展」，我把書當成一種糧食在補給自己的能量。書的能量是無形的，也可以是有形的，能被量化成重力加速度、知識卡路里。「枕」書就是躺在書上面，可以好好冬眠……就看你對書的想像有多麼不一樣。你能不能透過文案視覺想像力，給予消費者他所需要的溫暖、意義、價值？

大過新年‧枕書冬眠

1月20日至2月15日，全省發佈低溫特報，
呼籲全民做好保暖準備，預防寒害。
請就近至誠品書店各分店，
買書糧增加知識卡路里，維持體溫。
冬眠前最後一次補糧行動，現在開始。

案例四：誠品商場跨年特賣

有一年誠品商場跨年特賣非常有意思，因為那一年的農曆
新年與情人節是同一天，所以當時就把情人節跟新年做一個很
有趣的對照，就是把家人當情人，把情人當家人的概念。這樣
子，新年團聚與情人節就可以合在一起寫：

1999‧歡度「家」節的新家法

情人與家人，有時候是很難分辨的。
善於料理的情人，
總會想自私地占為己有，把她變成朝夕相處的家人。
噓寒問暖的家人，每逢過節還是記得送花送禮，
就像是對待情人一般。
情人與家人，有時候還會彼此吃醋，
每逢假日倍感分身之術，忠孝難兩全。
這次，
難得遇上情人節和春節和平共存的二月，
交換一下對待情人和家人的感情模式：

和情人圍爐守歲，和家人浪漫地吃情人節大餐。

關於1999種歡度「家」節的浪漫靈感，

你可以在誠品5家商場，

找到用不完的幸福「家」法。

一樣是家庭的「家」，但也有加減乘除的「加」的雙關語。

年度海報卡片月曆年曆展

每一年在接近年底的時候，各企業品牌廠商就開始準備製作隔年的年曆或企業訂製記事本，透過擁有新的年曆或是新的記事本，像是拿到一整本新的空白支票，彷彿有了新版的人生。所以我自己每一次要跨年前幾個月都會設計主題記事本，比方《正能曆》希望用正能力的態度來過一整年、《萬有引曆》希望通過吸引力法則以及自己的願望聚焦，讓自己心想事成、《我鏡曆》透過反思，讓我更清清楚楚、明明白白的覺醒過新年、《星能曆》用宇宙大爆炸創生星辰的動能來創造一整年的精采、《無限曆》跳開木馬程式的框限、把未來的可能性拉到無限……這是我跨年最重要的儀式，代表我想要以什麼方式來過新的一年。甚至在馬年的時候，我還設計了《馬曆連夢路》：在馬年連著夢想的道路，是用瑪麗蓮夢露的音來轉譯，所以非常好記。

以上這麼多曆法筆記本的創意想法，其實都源自於最早在幫誠品書店寫月曆海報卡片展時，一堆靈感迸發出來的新文體枝芽，特別是來自這篇〈1997年誠品月曆卡片展〉：

案例一：1997誠品月曆海報卡片展

預約1997年的史無前「曆」

19歲初戀情人的卡片，

藏愛像藏書般地，躺在老奶奶的信盒裡多年了。

1945年的月曆從沒拿下來過，因為那年父親過的最風光。

獨居時，視為家人的心愛海報，

即使搬家都會記得小心帶走。

一年一次的1997，一年一次的誠品月曆、卡片、海報展，

11月15日至1月5日，

全省10家誠品分店全面展開，

請你預購新生活態度，預約史無前「曆」的典藏價值。

「曆」是曆法，也是閱「歷」。當時想強調那一年是很特別的一年，其實坦白講，每一年都是很特別的一年，如果你用很特別的心態來看待這一年，那這一年就完全不一樣。所以「預約1997年的史無前曆」，來表達這一年是很獨特的。

《時間地圖》裡面有一段我非常喜歡：「年紀越大，人們都說時間似乎是愈過愈快。我兒子多活一年，對他來說，那就是他生命的十分之一。而如果我多活一年，那只是我生命的百分之二而已。——Robert Levine」。「時間」是每個人永遠的主題，某一個時刻的重要性、時間長短的相對性，因人而異。

1997的美麗預感

你可以給在1994年認識的情人，買張1997的卡片。

憑著1995年的美麗預感，買一張1997的海報。

為了實現1996年提出的夢想，買套1997的年曆。

你可以在這裡面大玩時間的概念，只要你有時空穿越的想像力，就可以文案帶著大家一起想像，時間是什麼概念，新年是什麼概念。

案例二：1999年誠品月曆海報卡片展

1999年是一個很特別的一年，因為當時謠傳這一年是世界末日，而且再過一年就變成新的 21 世紀了。所以當時為1999 年誠品月曆海報卡片展寫了非常長的文案，長得像是一條長型海報，整個打開來可以掛在牆上當月曆：

世紀末的最後預演

如果站在21世紀往回看，你在西元1999年所做的每件事，都是影響新世紀的重要關鍵。

1999年的一隻錶，
變成了電影《似曾相識》回到上個世紀的記憶入口。

1999年網路上一夜鍾情的網友，
是下一波網路革命的重要戰友。

1999年一本占星學，
意外發現與外星人溝通的新密碼。

1999年的一張卡片，
成為電腦用來推理《人類書寫動機論》的唯一證據。

1999年在法國驚鴻一瞥的女孩，
下一次見面可能就在外太空。

你在1999年買的東西，過完2000年，就變成了古董。
在1999年完工的建築，
一到下個世紀就劃成了百年古蹟。

在1999年認識的人，沒多久，
就成了上個世紀卻還沒上年紀的百年老友。

1999年不是21世紀的過渡，
而是未來時間表前的最後預演。

所以你要很慎重地挑選1999年的
態度、朋友、理想、住所、月曆、海報、卡片及信紙，
用21世紀的新眼界，
來誠品耶卡展預購1999年史無前曆的歷史價值。

當時我把1999寫得非常浩瀚，好像它是跨世紀最重要年度。其實每一年都可以找到這樣子的意義，因為對於大家來講，每一年都是生命中最重要的一年，當時我還為這篇文案寫了12個大主題，搭配1到12月份，而這12個像是趨勢預言，也像是一種態度宣告——這觸發我每一年的西曆、農曆在

網路上、或是在各個城市舉辦「跨年調頻課」：我設計好主題音樂，並決定我要以怎樣的態度，怎樣的頻率來做新的跨年轉變，我也會為下一個年度設立新的關鍵字，例如我在 2017 要跨到 2018 的時候，我寫下了四句關鍵字：「跨度更大的創意，更靈敏無礙的直覺，更源源不絕的靈感，更無法預期的變動，更清晰的鳥瞰全景，全域的視野更精準而且強大，更自由無礙的行動。」做為我新年的頻率聚焦——我所寫的既帶領我，也帶領所有看到的人。所以會寫文案是一件滿好玩的事情，隨時都可以寫如詩般的座右銘短句，激勵大家一起用不一樣的頻率，過新年。

案例三：誠品台南店7到12月時令短文

我平時有詩人的興致，隨時有詩靈感文筆，所以接到誠品台南店的案子，客戶要我寫 7 ～ 12 月時令短文案時，我針對台南當地的氣候氛圍，以及幾個文化元素，在寫詩的快樂中完成了這一組詩文案。

7月

慵懶的熱暑，
很適合信仰一種藍色。
買幾本清涼洗腦的書，
在仲夏夜的涼椅上吹風，
愉悅地
享受依然故我。

8月

父親從我們很小的時候，
就教我們認識這個世界。
現在，
就讓我們帶著幾本新書的知識，
謝謝他，
讓我們誕生在這個趣味無窮的
大千世界。

9月

與家人約好在中秋，
一如往常
例行團圓。

這次我打算帶幾本
重量級的好書
走在月光下，
衣錦還鄉。

10月

一觸即發的煙火，
指出了我們仰望的方向，
點亮了南台灣的知識文明。

全部的人都在用靈感慶生，
你在書店
就可以撿到滿天滿地的靈思片羽。

11月

蘇格拉底點了第一根蠟燭，
柏拉圖吹熄了，
亞里斯多德接著許願。
讓我們切著知識甜蜜的蛋糕，
一起向誠品台南店說，
生日快樂！

12月

台南沒有雪，
還不必用到火爐的耶誕節，
我們仍可以圍上圍巾，
在火鍋
及一隻雪白的牛奶冰棒之後
抱著一本書
取暖。

　　你也可以為接下來的每個月寫一首短詩，如果可以為明年
寫一本月曆、年曆、天時地曆，那就變成你的新產品了。

案例四：統一企業形象月曆文案

因為總部在台南的統一企業，看到我為誠品台南店寫的時令文案，所以他們也來找我寫了一篇統一企業 40 周年形象文案，而且是以月曆的格式來寫。於是我也以 12 個月份來宣告統一的 12 個宏觀精神與 12 個願景主張——一個好的、有底蘊文案絕對不可能失業，因為他是無價的，他的眼光是非凡的，他能夠為這個品牌、商品、服務、空間做到畫龍點睛，如果每一次都盡可能地把一篇文案寫到最好，創意想到最好，策略也非常精準，活動太有創意，而且你寫的文案能夠讓大家流傳的、討論的，那麼你的下一個客戶就已經在那邊等你了，自然而然就會有源源不絕的案子。

什麼是創意精神？就是你對這個東西完全負責，完全有感情，對它付出全部的精神、靈感與心力，把它打磨到最好，把每個作品都視為自己的孩子；當你每一次都把文案寫到「置頂」等級，你完全就不用擔心要去找客戶，因為你把它寫到最高標準了，客戶根本沒有辦法去找其他的文案。比如說你很喜歡吃麵，當你吃到一家真的是他 X 的太好吃的麵店時，你就沒辦法再吃別家的麵了。

因為全篇文案很長、我只選兩個月份的文案做範例，若想看完整版的可以參看《廣告副作用》。

統一企業形象月曆文案

送給你4個美麗的季節、12個活力的月份、
52個豐收的星期、以及365天的精采日夜！

1月／夢想Dream

因為還有未來，所以今日有夢；
有了夢，我們就有新的動力，向明天大舉跨步。
梵谷說，你可以感覺到星星和無限的天空，
儘管有許多雜物，
但生活還是像一則童話故事。
70億人口，70億夢想家，70億進化的方向，
讓地球得以每天不同，沒有人能對未來準確預言。
讓我們如孩子般，在未來的夢裡大膽塗鴉，
把靈感發射升空，向流星許願，
今年就是我們夢想成真的一年！

這段在講夢想的可貴。正因為有夢想，所以一切都是你說了算，沒有人能夠對你做決定或預言。這是我看梵谷紀錄片裡提到為什麼他的畫裡都有星星、天空、太陽，那是因為生活是如此的瑣碎，所以人總要望著天空，給自己找一個喘息的出口，這段靈感就是平常在累積時把它放進來的。

8月／感恩Thanks giving

Melody Beattie說，感恩能展現出生命的全貌，
它讓我們擁有足夠和更多的東西；
它讓否定變成接納，將一道菜變成一場盛宴，
一幢屋子變成一個家，陌生人變成朋友……
感恩為過去注入意義，為今天帶來平和，
為明天創造視界。
感恩，就是珍惜我們所擁有的一切，然後心存感激。
只要這一秒心還跳動著，
我們就應該感謝天、感謝地、感謝生命、感謝家人，
感謝自己！
就如同13世紀德國哲學家Meister Eckhart說，
如果生命中唯一的禱告詞是「謝謝」，那也就夠了！

這個「視界」，是視野的「視」，世界的「界」，為我們明天創造新的視野之意。這一段是提醒大家要隨時保持感謝、感恩的能量狀態，因為它會讓你創造一種完全不同的格局。

課後練習

如何寫出有氛圍的節慶文案？

❶ 善用「心腦影像自動生成系統」，勾起視覺感官記憶。

❷ 隨時隨地記錄各種顏色的描述法，因為文案經常需要用顏色來做為賣點。即使是白色這麼簡單的顏色，還是可以寫出各式各樣有景深、有個性的文案。

❸ 文案本身要呈現出一種態度，讓消費者認同之後才能夠引起他們的共鳴。

❹ 我們自己才是風格的決定者，文案要有一種引導的作用，帶領每個人回到他自己的自主、自信、獨特以及他自己。

練習題

■ 透過旅行練習寫一篇有季節感的文案。比方你去看了佈滿櫻花、楓葉、牡丹、向日葵、薰衣草、紫羅蘭、鬱金香的地方，你該怎麼描述那種被顏色占滿四周的感覺？

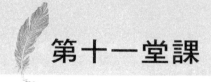

第十一堂課

第二式：如何寫活動文案

　　身為一位創意策畫文案，有時候不只是寫好文案，我們在初期的策畫過程中，也要幫忙想一些有趣的活動，因為我們在想文案主題概念時，往往相關的活動系列也會跟著出來。要怎麼寫好一個活動文案，讓消費者看到之後不僅有了欲望，還有行動力，而且他參加完你的活動之後，他會變得完全不一樣、變得比以前更好？如何把一個活動的檔次拉高，甚至變成對社會有意義的活動，完全要靠文案的功力。

　　如何寫一個能夠感動自己、也能感動人的活動式的文案？接下來我們會以 21 個案例來跟大家分享：用什麼樣的方式，來寫栩栩如生的活動文案？

促銷特賣
案例一：誠品舊書買賣會

因為誠品書店敦南店要搬家，在搬到新家之前，在原址那些書如果能夠拍賣掉的話，就會省掉很多搬運人力成本。所謂的舊書並不是書是舊的，而是這些書已經出版了一段時間，現在還在書架上。當時我做的第一個思考是：為什麼像古茶、紅酒或是古董家具，它們都是越放越值錢，可是為什麼書反而是放得越久要打的折扣越多？當時就很感慨，書的典藏價值不如茶、酒、家具，實際上將來書一旦絕版，反而是更值錢的。所以我用這個概念來寫舊書拍賣會：

> 過期的舊書，不過期的求知欲。

就算這些書不是當年剛出版的新書，但因為這些書到現在還是留在書架上，表示還有可以被回味、典藏、或是傳世傳家的智慧與經典。所以「過期的舊書，不過期的求知欲」，意味著只要有求知欲、有好奇心，無論這個書出版多久，只要它夠有價值，應該就要把它買回家典藏。對我來說，知識與智慧是不會過期的，因為那是我們生活上都會用得到的，透過這篇文案，也希望大家能夠思考書的永恆價值。

> 過期的鳳梨罐頭，不過期的食欲。

為什麼文案一開頭會寫「過期的鳳梨罐頭，不過期的食欲」呢？當時我看了《重慶森林》記得有一段劇情，現在不是記得

很清楚，大概是這樣：金城武在等候他的女友回心轉意，於是就買了一堆 5 月 1 日到期的鳳梨罐頭，等待找他復合、且愛吃鳳梨罐頭的女友，可是到了 5 月 1 日生日那天，他女朋友沒有回來，所以他一個人就把所有的鳳梨罐頭吃光了。我印象中有一幕，他頹廢地倒在許多空的鳳梨罐頭裡，當時我在想，為什麼他只願意等到 5 月 1 日？難道到了 5 月 1 日之後，他女朋友就不會回頭了嗎？人們在設定所謂的食物保存期限，或是愛情保存期限，是不是很獨斷？就跟我們定義書過期或不過期意思是一樣的。

因為當時的年代還是用底片在拍照，所以寫了這文案：即便這底片已經過期了，但只要你有很強大的創作欲，還是可以繼續拍攝你想要拍的作品。但現在已經不需要底片了，都是用手機上的相機功能，我在想，正因為不必再買底片或是再付沖洗費，反而讓我們拍攝變得浮濫，而不是過去還要斤斤計較這張照片是不是值得拍的那種狀態。

全面5到7折拍賣活動，知識無保存期限
歡迎舊雨新知前來大量搜購舊書
一輩子受用無窮

下次如果你遇到舊書舊貨拍賣活動時，你會怎麼思考「舊物」與人們的關係呢？

案例二：天母誠品跳蚤市場

　　天母誠品店舉辦九天期的跳蚤市場，就是把一些已經在貨架上放比較久的商品拿出來促銷拍賣，但也鼓勵天母在地人把自己家裡不需要、但還不錯的東西拿出來放進跳蚤市場流通，找到新主人。這個活動很有畫面感：有的人去那裡撿便宜，用不貴的價錢把喜歡的東西帶回家，或者把家裡不再用到的東西拿出來跟大家交換，為家做斷捨離以騰出空間——當時我在思考人與物的關係是什麼？為什麼有些東西你當時好衝動地把它買回家，過了一段時間之後你就對它沒有興趣了？很多人變得很速食，不管是感情友情或者是物質，新鮮感很快就過期了。電影《美麗事，殘破世》的文案也提到類似的概念：「我們總是便宜行事地用物件的噪音，來掩飾『人與人』共處困難的內在恐懼，只要不停止消費就可以避開寂靜的恐懼，『自我感覺良好』一切都會沒事。《美麗事》沒有對複雜的問題給出簡單的解答，但它誠實地承認了我們跟「物」永遠擺脫不了的曖昧關係……生命的起源是安靜，也終將在安靜中結束。」

　　當人們已經不再喜歡這個東西的時候，或許把它拿出來找到第二任主人帶回去收藏是最好的出路。我希望透過這篇文案，讓每個人更珍惜他們手上有的一切，無論是東西、感情或者是人際關係。當時我是受到日本服裝設計師山本耀司的紀錄片影響，他說：「要完成一個道地、有舊衣質感的服裝，要等十年，我想開始設計時間，比方設計舊衣服、舊東西、舊家具，所有可以包含時間的所有的舊物件。」如果我們對於時間、人跟物、人跟人的關係有比較深度的思考，那麼文案就可以寫得很有深度：

人與物的保存期限

用過即棄的雷諾原子筆，用過即棄的愛情，
用過即棄的彈簧床墊，用過即棄的寒暄，
用過即棄的保暖袋，用過即棄的虛榮，用過即棄的問候，
用過即棄的現代人大量拋棄物質，凡事過了三個月的保存期限，
就徹底的失去忠誠。
在文化高度傳染區裡，辦一場屬於文化人的跳蚤市場，
期待你我在舊貨堆中找到藝術，
在舊鞋裡發現腳的生命，在舊照片裡面體悟新情感，
帶著發現寶藏的驚奇，在世事難料、風雲不測中，
把永恆感找回去。

　　我們來延伸思考：比方有一家咖啡店，它專門陳列擺放一些懷舊的家具家飾，來營造整個咖啡店身處在古老年代的氛圍，該如何為這樣的空間寫一篇氣質相符、讓人睹字思情的文案呢？如果想寫一個懷舊氣氛的咖啡館，就不能只是寫咖啡館而已，而是要把時間、記憶、歷史、情懷寫進去。如果由我來寫文案，我會先觀察這家懷舊的咖啡館裡有哪些老東西：老的收音機、老的電話、老的椅子、老的桌子、老的冰箱、老的電視機……我會一邊看一邊做記錄後，把這些物品線索都變成文案鮮活的素材──我可以透過老電視看到老的記憶故事；透過老冰箱找到老的口味與情感；透過老的椅子，找到自己祖父母生活的樣貌；透過一只老的茶壺，喝到一整個年份時代的故事……我可以把在咖啡館裡很有想像力的體驗，化成一句一句活靈活現的文案，讓自己看戲，也同時讓看文案的人有畫面。

案例三：誠品敦南店搬遷文案

如何把自己的生活經驗與活動主題結合在一起，讓自己寫得很有感覺、別人也很觸動的文案？我當時正在搬家，誠品敦南店也因為房東要漲房租所以搬到隔壁，他們委託我寫一篇搬遷文案，我在想「搬遷」有什麼好寫的？只不過就是搬家而已，我當時還說：那你們就把房東要漲價那封通知信放在文宣上變成文案好了，他們說不行，這樣子很沒有氣質，身為誠品要很優雅的搬家，所以他們希望要我寫一篇很有文化氣質的搬遷文案。所以我深度思考搬家的哲學意義：搬家是一種非常複雜的心情，必須要把每一樣東西全部拿出盤點……決定哪些要丟掉哪些要打包，哪些要放置在新空間的什麼位置？有限的紙箱，大量耗損的膠帶、奇異筆、搬得走的畫、照片、書、精品，有形的重量，卻搬不走風景、人的氣味、混合著對話的空間、上班時間出走的流浪心情、第一次約會的甜蜜……一邊打包一邊回想很多在這個空間裡的回憶，比方好友們的聚餐、聊天，所有的開心與煩惱的記憶都在這搬不走，好朋友一旦失去聯繫，過幾年後他們再回來找我，而我也不再住在這，他們有可能從此找不到我了，所以我用搬自己家的心情來寫誠品的搬遷文案，一下就能帶入感情。

我思考的第二個層面：誠品書店搬家，搬的不只是書，搬的是一整座的文化劇場，搬的是作家筆下的人物與場景，比方如果是搬《哈利波特》這本書，那麼對於一個有視覺想像力的文案而言，就形同是遷移整座魔法學校；如果搬的是梭羅的湖濱散記，搬的不是一個書，而是搬一整個湖景——如果你把書

還原成一個個立體的時間空間場景，還有人物與故事，那麼書店的搬家就不是一個普通的搬家事件，它就不像「家樂福搬衛生紙、尿布、拖把……」那樣的概念，只要這樣聯想，就能夠寫出鮮活有視覺感的文案。

在構思誠品書店搬家文案時，有幾個字就從我腦海裡跑出來：「喜新念舊，移館別戀」平常我們說的是「喜新厭舊」，但我想把那個「厭」改成想念的「念」，意思是喜歡新的，但還是顧念舊的。同時我也把「移情別戀」改成「移館別戀」：

喜新念舊‧移館別戀

租約到期，覆愛難收。
情非得已，喜新棄舊，不要怪我移情別戀。
舊愛是負擔，新歡是解放，
舊衣要回收，新裝有看頭，
舊友談交情，新友談投資，
舊屋有回憶，新家有期待，
舊的不去，新的不來，
所有舊的人事物還沒消失，
都留在隨時隨地的想念裡……

文宣背面文案：

卡繆搬家了、馬奎斯搬家了，
卡爾維諾搬家了、莫內搬家了，
林布蘭搬家了、畢卡索搬家了，

瑞典KOSTABODA彩色玻璃搬家了，

英國Wedgwood骨瓷搬家了，

法國HEDIARD咖啡搬家了，

可哥諾可皮件搬家了，

金耳扣大大小小的娃娃也要跟著人一起搬家了。

　　這篇文案呈現的是作家、畫家在搬家，還有骨瓷、咖啡、皮件、彩色玻璃、娃娃……都跟著一起搬家，這樣的文案就很有視覺感。事實上對於每一個曾經來過誠品敦南店的消費者來說，他也在搬家，他原來對舊空間的記憶、情感與故事也都得留在原來的空間，帶不走。後來這篇〈喜新念舊，移館別戀〉的文案很成功，3 萬多份的文宣在很短時間內就全部拿空，而且創下了台灣書店史上的三大紀錄，第一個就是營業時間最長，長達 18 小時。第二個就是人潮最踴躍，在當天就擠進了2 萬多人，以及凌晨三點買書都還要排隊的一個紀錄，當時從文宣到活動都是非常成功的。

　　此外，針對「喜新念舊，移館別戀」辦了一個舊館留言板活動。關於留言板，我們會想到自己曾在畢業紀念冊上的留言，網路上有些同學留的有趣留言變成了金句：「跟你唯一的合照，就是畢業照；跟你唯一的情侶裝，就是畢業服」、「以後嫁給我這個姓夏的，給孩子取名夏克（下課），這樣老師就不會提問他啦」、「別放棄你的夢，繼續睡啊」……所以你平時也可以思考關於「留言板」這個很能延伸思考的主題。

舊館留言板活動：

聽到嗶一聲之後，請留話。
火車站留言板上分手情人的留話。
公司留言板上PIZZA的外送電話。
PUB留言板上口紅印和Heineken的啤酒蓋。

在搬家之前，誠品留一面15×21英寸的牆，
做為收集每一個人思念、不捨和等待回音的情緒留言機。
9月30號之前如果你會來誠品，
麻煩你聽到嗶一聲之後，請留話。

　　我只是想藉著生活在這個城市的人的心情、留戀、掙扎、
不捨、興奮來共構一個大規模、有感情的搬家事件。當時還想
了一個有趣的活動，就是在舊館放了一個大留言板，大家捨不
得的情感可以留話在上面。這個留言板上也有一段文案，是用
答錄機的概念來寫的，感覺就有了聲音，有了動態，有了情感。

　　你不在，所以留言給你，
　　告訴你我新家的電話，告訴你我新辦公室的電話，
　　告訴你我新申請的手機，告訴你我新的地址，
　　告訴你我的新生活。
　　搬家是為了要逃避舊生活，但我卻真的捨不下你。

　　我在寫這文案時非常有感覺，因為把自己的心情寫在裡
面。當時留言板的空白，最後是被大家填滿了各式各樣的塗鴉
與留話，整個滿滿的全都搬到敦南新館。一個活動如何凝聚

大家感情是很重要的，本來只是一件因房租漲價被迫搬遷的事件，但是賦予情事之後，反而凝聚愛用消費者的感情，繼續延續這樣的緣分。

案例四：誠品敦南臨時館

誠品敦南店搬完家之後進到新的館，我們馬上就開始準備下一階段新開幕的文案。這文案非常重要，等於就是這個地方的新的定位，也相當於一個人剛出生，被賦予了新的名字，而這個新的名字就是他的新的樣貌，讓新版的誠品有新的心態來面對新的客人。對於消費者來說，因為他們進入了這家新館，他的人生也有翻篇的轉變。

在新館正式開幕前，他們有臨時賣場，就是所謂的試營運，在新的還沒成形之前，臨時是必要的，不管是臨時停車、臨時動議、臨時保姆、臨時空間……所有的臨時都有非常時期的非常必要，所以我為誠品敦南店新館臨時賣場寫了這段文案：

臨時之必要

在道路正式通車之前可以走臨時便道，
在新國家未形成之前可以成立臨時政府，
在法律未公佈之前可以訂定臨時條款。
所有的「臨時」都是存在舊秩序之後，完美形成之前，
在敦南新館未正式開幕期間，
誠品的臨時賣場，1995年10月10日起為你先行服務。

案例五：誠品敦南新館開幕

　　當臨時賣場的文案完成之後沒多久，誠品敦南新館就要開幕。當時我寫的標題是 9999 種繁衍生活的創意方式，意思是在這個誠品新館裡提供了近萬種有創意的新生活方式，無論是書籍、家具、家飾、服裝、鞋子……等等，而且是有態度的，有個性的。

　　如果你帶著情感寫一個開幕文案，彷彿這家店是你成立的，甚至於你把它當成是自己的店，你就很容易投注你的情感，就像是為你的孩子命名，以及規劃它未來的藍圖，也像是要創造一個新世界、新格局、新篇章，而且要讓它立體化，栩栩如生地在你腦袋裡展演一遍之後，再把它落實成文字。

9999種繁衍生活的創意方式

　　米蘭昆德拉與費太太相見恨晚，

米蘭昆德拉是一個作者，費太太是一個果汁品牌名字，在這裡你可以喝果汁，也可以同時看米蘭昆德拉的小說，它們被同時放在這個空間裡，本來是不相關的兩個人，在這裡以一個非常有創意的方式遇見了。

　　HediardCaf　與誠品家具趁夜團聚，

誠品的咖啡與家具在這裡有一種新的會面，新的情感空間。

　　Parker鋼筆與Picasso再次相逢，

鋼筆跟畫家的畫在這裡可以變成一個新的混搭。

　　需求重計疆界、感官互通有無，

當消費者的需求已經改變，整個誠品新館，整個空間城市也會變得不一樣。

　　張愛玲式的戀物情結復活，22次強烈狩獵的暗示不斷，
　　請帶著生物的直覺，全方位釋放你的欲望，
　　誠品敦南總店，有9999種繁衍生活的創意方式。

　　因為是新館的開幕，當時建築師的構想是一個圖書館的形式，而且樓層變多了，樓面變寬了，移動了誠品愛好者的閱讀習慣；當消費者的需求改變，也改變了生活消費的作息，甚至影響了整個城市空間新的文化取向，加入了流行的嗅覺，人文的觸覺，感官的味覺……新文化資源已經開始。所以在整個樓層的指南文案上，必須幫每個樓層寫下幾個短句，來定義這個空間的文化氛圍。

書店・誕生・創世紀

這座城市還很新，很多東西還沒有名字…
誠品書店ESLIFEBOOKSTORE
以欲望別，而非以物品別來分類，
一個盛產心靈糧食的精神集散地，誠品書店，
開始起源於敦化南路，仁愛路口，1989年迄今。
小劇場表演、舞蹈、繪畫、攝影、面具展、紀錄片、
舊書拍賣、古書交易……

所有關於宗教的、性別的、節慶的、非節慶的，
歡迎東區的知識勞動者，中產階級、另類文化迷，
無產階級的流浪藝術家，非真理教徒的精神狂熱者，
自主地在誠品書店集結，或是事先不聲張的秘密前來。

早上11點至晚上10點，這裡都有台北最新的事件發生。

2F誠品書店

文字鄰國界，資訊零時差。
在廣大的知識頁岩中提供礦源。
誠品書店以最廣域的書香，交換你的品味

知識頁岩，有點像是一層一層的岩石的感覺，其實書也是這樣子，一頁一頁也相當於像土地一層一層展現知識的累積。礦源代表提供很豐厚的知識的礦產。在這個知識零時差地方，透過文字跟訊息，讓每一個讀者有很豐富的收獲。

GF美饌・風尚

食物戀的起源，三角形的味覺地圖，在這個小小的世界上，
唯一能喚醒你的，只是一種簡單但獨特的味道。

「食物戀」不是「鏈」，是戀愛的「戀」，一方面也是食物鏈的雙關語，二方面代表你跟食物之間的依戀關係。當時我在1999年寫的「食物戀」這三個字，後來也用《食物戀》來做為我一本書的書名。

B1創意・生活

品時工業下生活體驗空間，保留創意最盛期，
與你重質不重量的相處。

在 B1 創意生活區，我寫了品時工業，就是品味時間、體驗生活的意思。

B2藝術・人文

創意自治，藝術自立門戶，你靈感的潛意識層，現在出土。

我在寫文案的時候會用比較特別的動詞，比方說自治、自立門戶、出土，讓這個空間有一種動態或是一個事件感，所以平常要累積各式各樣的動詞，儘量不要用一些舊的動詞，比方說「看書」、「出現」……這些陳舊動詞只要一轉換就會不一樣。舉例來說，藝術人文區的「你的靈感潛意識層現在出土」，如果換回比較平常的說法「這裡可以刺激你的靈感」，你聽一下這兩個意思上有什麼樣的不同？是不是「出土」比較動態，彷彿是從底下把潛能跟天賦挖掘出來？這種動詞搜集並做有創意的轉換就很重要。

案例六：《誠品閱讀》買一送一促銷文案

商家或者是網路電商經常會推出「買一送一」的特賣活動，只要用一個價錢可以買到兩樣東西，買一送一很容易吸引消費者，但要怎樣才能把買一送一寫的有氣質、有文化呢？

《誠品閱讀》雜誌想做一個促銷活動,就是買一本新的,就送一本舊的雜誌,但不能把誠品寫得像是買菜送蔥那樣廉價,所以我在想,如果是誠品的消費者,他們想要「買一送一」真正的需求是什麼?於是我反思自己也是一個「貪小便宜」的人,比方說我在買麵包的時候,一樣的價錢,我一定會挑剛剛出爐的那一個,因為覺得剛剛出爐的麵包比較好吃。也就是說「買一送一」,我要想昇華到「完美主義者品味的偏執堅持」。當「對買剛出爐的法國麵包,要求附贈一束陽光的人」這句文案出來了,之後就可以用這個句型往下寫:

買一送一的特權

對買剛出爐的法國麵包,要求附贈一束陽光的人。

對看電影,要求附贈一輩子回憶的人。

對於買房子,要求附贈空中花園的人。

你也可以繼續接力這句型「對於……要求……」來做為你的文案靈感庫的定期補給水源。

案例七:《誠品閱讀》買12有16促銷文案

後來《誠品閱讀》做了第二波行銷活動:訂閱一年送兩本,訂閱兩年送四本。但為什麼不直接寫買一年份送兩本、買兩年送四本呢?因為這樣就看不出來《誠品閱讀》的深度,所以我用村上春樹、夏娃的誘惑、張愛玲式的祖母上衣……來營造很誠品很「奇幻文學」的氛圍。我寫「1+1 大於 2」是一

種很特別的誘惑遊戲，讓你覺得好像很聰明地賺到了，關於數字，你可以用一種很有味道的寫法：

6+6等於16的意外，請您驗算！

1隻黑羊加1隻白羊，等於2本村上春樹的劇情。
2顆紅蘋果加上2顆青蘋果，等於4種夏娃式的誘惑。
3杯雞加上3杯Chivas，等於6次飲食過度的情傷。
4輪傳動的吉普車加上4套換洗衣物，
等於8次精神性出走的疲憊。
5件張愛玲式的祖母上衣加上5條世紀末夢幻項圈，
等於10場上海服裝式的頹廢。
6本《誠品閱讀》加上6本《誠品閱讀》，
等於16次大量提領精神食糧的擠兌事件。

當時我是受彼得格林納威電影《淹死老公》畫面風格影響，他把「1到100」一百個數字分別出現在浴室、船、蘋果、鞭炮、帽子……上，把數字跟物件放在一起之後，它就有了特別的意義。

我在寫這篇文案的時候是有視覺的，彷彿從雜誌裡面跑出來的動物植物、故事情節、神話人物，變成一種很混搭的加法，才寫出「一隻黑羊加一隻白羊，等於兩本村上春樹的《尋羊冒險記》」的意象，也把消費者可能會在晚上吃消夜三杯雞，加上三杯 Chivas 的酒，熬夜享受夜生活然後去找靈感的生活形態寫進文案裡面。

我在看很多商場或店家做促銷特賣，有時候想想如果是由詩人來寫會更有味道，而不是寫得這麼粗俗——同樣的東西，你可以用更深入淺出的方式表達出來，講得非常有美感、深度、意涵，意味著你看世界的方式如此不同，這樣才有辦法帶著大家以詩意來看這個世界的美。也就是說，文宣的美學水準，是文案設計的責任。

　　我們平常可以這樣練習：就你今天所看到的促銷活動，無論是商品的特賣，或者是某商場的周年慶，或是網路店家的購物節，你看看有沒有辦法用更深度，更有哲思，更美的方式來講這個活動。很多人以為講得很有詩意，別人會聽不懂，那是因為太低估了大家的美學水準，而且是不負責任的藉口。我旅行很多國家，看到特別是歐洲、日本的廣告，真的做得非常好，即使是貼在牆上、路邊、電線杆上的一篇文宣，從句子到美術設計都非常迷人。

　　我記得某一年的夏天去冰島，在冰島機場看到一幅廣告，畫面上是日落月升的海邊粉彩美景，文案是「我們為你留下一盞夜光，等你回來——冰島（Iceland–We'll leave the light on for you the whole summer）」，把冰島「長晝之夜」結合了「家人留夜燈等你回家」的溫情，結合得如此詩意優美，你可以就你所生活之地，寫一篇歡迎觀光客的文案做為練習。

徵文活動

案例一：誠品〈看不見的書店〉徵文活動

品牌或廠商經常會辦一些「徵文徵圖徵選作品」的活動，以獎金獎品來徵求好的體驗心得、點子、作品，並贏得注目度，所以「徵文」是藝文類文案常見的形式。既然要徵文，那麼徵文的文案就不能寫得太差，否則就找不到好作品。

我記得最早寫的一篇徵文，就是誠品書店搬家期間徵集大家對新的書店的特別想像，他們也希望透過徵文來收集一下大家對於未來書店的看法、意見、期望，所以定的活動名字叫做「看不見的書店」，因為當時有一本書賣得很好，就是卡爾維諾的《看不見的城市》，他講一座腦海中虛構想像的城市，所以在這個徵文我以「看不見的書店」來做命名，代表每個人腦海裡想像的書店，都是別人還沒看見的。

看不見的書店

所有創建一座書店的欲望，
所有關於一座書店所創建的各種欲望，
都即將在這裡發生。
這是一座「看不見的書店」，
它是全新的，
你可以盡情地提供新書店的期待、
幻想、欲望、改革意見……
成為書店的主人。

形式不拘。

你可以藉用任何的文字、線條、顏色、影像，

描繪縱馳夢想的、幻麗奢華的、

異想天開的、私密個人的、異國偶遇的⋯⋯書店，

我們不設限所有書店風情展現的可能性。

為什麼要設定這樣子的徵文活動？因為在每個書店成立之前，都承載了很多人對於知識智慧的渴望欲望，所以趁這個書店還沒成形前，透過這個徵文來收集大家對於未來書店的想像藍圖。

我記得當時主辦方收到的作品非常特別，有文字，有模型，參賽者把心腦中狂想的書店真的做出來了。我印象很深刻有一件得獎作品是一個立體的魔術方塊建築，所有的方塊都可以轉動，透過轉動達到不同的空間組合。此外，為了要號召「看不見的書店」作品，我自己也寫了一篇夢想中那一座看不見的書店。

我腦海中那一座看不見的書店

如果有一座書店有氣候、有氣味、有情緒、有突發事件，不是中央統一空調的恆溫書店——中午有雷陣雨，下午有伊斯蘭教徒向阿拉跪地禮拜，地上有香港地下鐵的三彩路線圖，牆上有街景、電線杆、碼頭，氣象台、旅館和電話亭，傍晚有蔥爆牛肉和麻油腰花的腥酒香⋯⋯

如果有一座書店，是市集，是另一種形態的菜市場，可以買到剛從打字機打出來的，像麵包剛出爐般新鮮的情緒，可以買

到一攤攤散裝的書頁，只選擇合自己口味的各種素材。例如可以選擇夏宇《摩擦·無以名狀》中的〈橘色條紋寓言〉，再配上尼古拉斯·柯瑞琦的《流行陰謀／名牌時裝帝國》的序——完全依照今天的口欲，或是不自作主張地參考「書店食譜」，計算知識卡路里後均衡選配都可。然後用菜籃到櫃台稱斤計兩，並享有隨意抓幾把蔥、幾個蒜、些許醬油為佐料之順手牽羊的小小犯罪快感。如果要附帶水果的木箱，箱底用波特萊爾的詩屑絲，襯著抵消搬運時的摩擦力，只需要再加100元……

所有創建一座書店的欲望，所有關於書店所創建的各種欲望，都將在這裡發生。

我多麼希望真的有一個書店是有氣候的，可以拆書自由搭配的多元選擇。當時這個活動非常成功，主辦方收到了數千件精采作品，也提供了新書店很多的想像以及靈感。

案例二：台北文學獎徵文活動

台北市政府希望我能寫徵文活動的文案，所謂的「台北文學獎」，就是希望所有的台北市民都可以參與寫作。

西元1999年·文學復活紀

老人在地鐵上寫鄉愁，上班族用薪資單寫冷暖，
總機在辦公室裡寫戀情，會計用財務報表寫興衰，
醫生在X光片上寫生死，電腦工程師用網路寫夢境，

攤販在夜市裡寫生活，美食家用食譜寫逸樂，
工人在鷹架上寫城市，郵差用地址寫流浪，
沒有書桌前的文學，只有柴米油鹽的文學。
世紀末1999年，當文學全面復活，
我們需要更多的生活新鮮切片，人的實況，
需要一首在紅燈前塞車的詩，
需要一段在煮菜時煮出來的散文，
需要一篇在股票收盤後，長黑失眠的短篇小說……
需要全民寫作，所以我們舉辦台北文學獎。

　　每一個人都有自己的人生情節、情緒故事、靈感無所不在，隨時都是寫作的時間，沒有所謂的專業作家，全民都是作家。你可以留意目前幾個重要徵件活動的文宣，來練習思考如果是你會怎麼寫文案？

案例三：2017廣告金犢獎作品徵集

　　廣告金犢獎，就是讓還在大學念書的學生們，可以依據主辦方所提供的商品或是服務的主題，來創作廣告平面或者是影片來競賽，當時主辦方希望我幫他們寫一篇文案，讓所有想要一展身手的學生們把好的作品投出來參加徵選。因為當年有幾部很重要也當紅的電影《露西》、《奇異博士》、《出神入化》，電影主角展現「超能力」的境界，而創意就是一種不同於平凡思考的超能力。

創意就是超能力

奇異博士打開平行時空的蟲洞，
創意人也會，
他們能向未來借願景，
也能開啟多維度、鏡次元的奇幻視界。

露西能讀整座城市人的訊息，
創意人也會，
他們通曉消費者的心，
也讀懂客戶藏在心底卻說不出口的需求。

出神入化的魔術能力，
創意人也會，
他們能無中生有，

也能大規模地在每一個人面前變幻萬千。
創意就是無所不在，無所不能的超能力。
你只能專心練功，
金犢獎就是你進步神速的修煉場!

《奇異博士》裡有一幕是多次元彙整，像萬花鏡般在眼前全方位地打開，所以才構思出「鏡次元」這個新詞，也代表能夠開啟多維度多次元的奇幻「視」界。

我用當年很有指標性的幾部電影，一個是《奇異博士》，他們有超能力能看到未來的願景;還有一部《露西》，她會讀心術，讀到每個人的心思——創意人也會，因為他必須要讀懂

客戶的心、消費者的心。所以我用這兩段來開啟「創意就是超能力」的時代來了。

案例四：政大廣告系招生廣告

很早以前我幫自己的母校政大廣告系寫過一篇招生的文案，當時我寫的標題是**「廣告是所有人一生的必修課程」**，我刻意不把廣告當成是個專業，而是把它擴大為一門人生學，因為裡面所學的每一個科目，在每一個人身上都非常好用。

我把當時廣告系的八個重要科目列成小標題，每個小標題都隱喻成人生必修的學程項目：

廣告，是所有人一生必修的課程

學行銷

用科學的方法，
在最快的時間內找到自己無可取代的人生位置。

學攝影

在電影院中學風格，用鏡頭練眼光，
除了看面相之外，讓自己比以前更會看人。

學市場

喜歡服裝，又愛電影，迷戀喬丹，又對跑車瘋狂，
來不及等輪迴，又沒本錢當演員，
想試遍365行，廣告讓你熟練每一種市場的吸心大法。

學公關

左右逢源才能夠面面俱到，
學幾招到哪都能打通關的技巧，
把自己變得更友善是道德的。

學創意

為了激盪出與情人的新相處方式，
我們必須不停的動腦。

學美學

多一點美學常識，增加自己的可看性，
比美容更有效。

學傳播

為了不讓貓在鋼琴上昏倒[註4]，你需要鑽研更高明的溝通技術。

學電腦

學會電腦上謀生的99種新方法，
現在申請電腦創世紀的原住民還來得及。

當我把廣告系變成是每個人必須上的科系時，這篇招生文案就能寫得很上手。如果你要為自己的母校寫招生文案，你會怎麼寫？

註4：「貓在鋼琴上昏倒」，是當時司迪麥口香糖流行的廣告文案。

案例五：台哥大行動簡訊創作文學獎徵件

誠品書店有一段時間與台灣大哥大合作舉辦了「行動創作文學獎」。過去我們的文學分為新詩、散文、小說，但是當我們有了手機之後，簡訊就變成了新的文學形式，所以要幫這個新文體寫一篇徵文活動文案：

讓我們持續在靈魂層面上，高速筆談！

你懷裡的手機，
是我以愛與思念守護你的精神隨扈。

對著手機邊走邊寫，
24小時卿卿如晤，
如招供般地發簡訊給你，
隨時隨地進行我們的馬路文學。

以感動淬鍊出香醇雋永的短句，
復興五四時代。
徐志摩短如詩濃如酒的靈魂極短篇。
讓我的文字追上你移動的速度，
讓我們持續在靈魂層面上，高速筆談。

陪著忙碌會議的你，在高壓的片刻被一則笑話逗開心，
陪著想狂野的你，盛裝夜赴嘉年華會的狂歡，
陪著不想說話的你，安靜地登上山，
陪你到老，陪你走天涯。

這段是我的視覺。你們可以想像一下，如果你在手機上打一段文字發過去，對方可能正在慢跑，發過去的文字還得追上他慢跑的速度，這就是所謂的視覺化。

> 聽不到你，看不到你，
> 於是我們以文字來做為無聲的同步心電感應，
> 無論你人在哪裡，
> 我都能夠藉著你的手機
> 循線找到你，
> 全天候的守著你的存在。

當我發簡訊給自己心愛的情人家人，這些文字就陪在他／她的生活和工作空間，無論是在開會、運動或是想安靜，關心的簡訊都已經在她的手（機）裡面了。

> 簡訊文學體，開啟了科技文藝復興時代，
> 人手一機，
> 就是我們彼此串聯愛，
> 無阻地傳遞感動文字的新介面！

> 第一屆誠品・台灣大哥大myfone行動文學獎，已經開始。

我常看到很多人都是低著頭邊走邊打字，彷彿在進行一種馬路文學，邊走邊傳輸著自己的心事，或是與對方溝通訊息，所以才會寫 **24 小時卿卿如晤**，宛如對方就在自己的心裡、身邊或是對面。因為大家在手機上溝通比書信快太多，幾乎快要等同於心電感應的速度，只要這邊一寫完發送，對方就可以同時收

到，而且溝通是透過網路，就相當於在空中，或者你可以講抽象一點，像靈魂層次。

手機簡訊其實是最接近詩的文體，因為它必須要短，而且精煉，絕對不會是散文或者是小說，所以我才引用徐志摩的意象來代表簡訊，也等同於新詩。如果是由你來寫「行動文學獎」文案，你會以哪些新的概念來闡述呢？

案例六：台哥大「原創歌曲鈴聲創作獎」徵件

台哥大的行動文學獎，當時還另設了「原創歌曲鈴聲創作獎」，也就是來電答鈴的音樂創作。所以我寫的標題是**「讓我們持續在感官層面上，互相聆聽」**，這句話標題是要與前面**「讓我們持續在靈魂層面上，高速筆談」**成為一個系列。因為它是鈴聲，所以用**「聆聽」**。

讓我們持續在感官層面上，互相聆聽

我們之所以真正幸福，
是因為只要一思念，
就可以隨時隨地聆聽到彼此。
你的憂傷，你的獨語，你的秘密，你的渴求，
你的願望，你的興奮，你的甜蜜，你的感動，
我都能通過手機直播頻道，
聽到你
可說與不可說的
心情現場。

當這個世界只剩下聲音，
我們就擁有了
視覺的最大想像力。
想像你的愛，你的歌聲，
在海邊，
在海王星，
或者是在海鮮餐廳，
都可以成立。

聽到對方的聲音時，我們其實就把他／她放在自己身邊的空間
裡，或者是放在對方現在所處的空間中，但這個空間是想像
的，是揣測的，並不是當下你看得到的，這個感官既真實又虛
幻，聲音是真實的，但場景是你去推論出來的。把場景身歷其
境地建構出來，在寫文案的時候很重要，把有的、沒有的都要
寫進去。比方說當你聽到聲音的時候，你其實不知道對方真的
在哪裡，你必須要把空間還原，這就是在寫文案的過程中最好
玩的地方。

於是我有了
把你的聲音，
放在宇宙任何一角的最大特權。
第一屆誠品・台灣大哥大myfone原創歌曲鈴聲創作獎，
讓你的聲音不再寂寞，
讓所有的人於各自所在的場景，
想像你、聽見你！

正因為第一屆的文宣非常成功，不僅吸引非常多好的作品前來參賽，而且在當時也引起了很大的話題。你現在可以練習，如何以「聲音」為主題來構思相關的文案。

案例七：第三屆台哥大行動簡訊創作文學獎徵件

因為寫了第一屆活動之後，接下來開始陸續接寫了好幾屆台哥大 myfone 行動創作獎。這對我來說是很大的挑戰，因為每一屆都要寫得不一樣。所以當時我寫的第三屆的文案是這樣的：

穿越時空的愛，比歷史更久、比詩更濃

幾世以來，我對你的愛未曾改變？
以前一筆一畫地著墨我的掛心，
把思念透進紙的歲月底。
奔馳千里，經過數日數月，
你才收到我要你吃飽穿暖的叨叨絮絮。

現在的愛可以很即時，沒有時差，
每一分秒的思念，化成一整幕動心的字句。
耳邊的細語從此不再經過第三人，
以光速抵達，比飛鴿傳書快，
只比心電感應慢幾秒！

我的愛不害怕表白，
說不出口的，都以手比照心跳的震動傳給你，

無論你的樣貌，心情，所在位置，如何變幻無常，
只要你的號碼不變，我的文字就可以穿越時空疆野，
認出你正在閱讀的臉。

第三屆台哥大myfone行動創作獎，
在整個地球上空微尋情書、家書、與所有人共鳴的鈴聲。
無論你想表達自古以來多少世、多麼深的情事，
請一律在西元2009年7月20號午夜12點之前上傳，
所有人將見證你永恆的愛，比歷史更久、比詩更濃。

在沒有手機之前，人們是以紙跟筆、通過人、透過馬匹、
飛鴿傳書……來完成傳遞書信的旅程。但現在思念對方的時
候，就可以隨手打成簡訊傳給對方，它是直接傳到他／她面前
的，不用經過第三人，也不需要經過漫長的旅程，就像是一整
目（幕）的動情字句。如果要你練習以「戀愛」、「情書」的
概念寫文案，你會怎麼寫？

案例八：第五屆台哥大行動簡訊創作文學獎徵件

到了第五屆，也就是 2011 年的時候，我又重新思考新的
主題，就是如何把當年視為是人生最巔峰的那一年？而且是透
過手機簡訊來記錄的。

2011年，以手機傳誦我們的巔峰盛世！

你的人生將到達一段：
截至目前為止最璀璨的高峰，

2011年就是！

手機發的簡訊代表著我們當時的思考，代表著當時我們的人際關係，代表著我們當時生活事業的狀況，如何通過手機來做為我們個人史最忠實的記錄者？手機有點像是古時候的史官，真實地記錄著我們生活的每一個片刻、心情跟事件。

　　在每個奇異點上創造出你真正想要的命運高峰、
　　你個人的奧運會、
　　並與你所創造的一切合一。

我們每一天或每一分每一秒都要做很多的決定，每一個決定也代表著你當下的頻率，以及它會帶你往哪個方向走，所以才寫：每一個奇異點，每一個你做選擇的那個地方，才是會創造出你真正想要的命運高峰，一切都取決於你的決定。所以希望藉著這篇文案提醒每個人：如果帶著覺知把每分每秒視為最重要珍貴的時刻，清晰地決定自己要往哪個方向走，仔細地記錄所有的情緒軌跡、愛的軌跡，就像是你在創造自己個人巔峰的奧運會，那麼你的命運就完全由你主導，這個手機的簡訊就變得非常意義深重。

　　你需要採用簡訊體，
　　呼吸、思考、走路、工作、吃飯、聊天、度假、
　　閱讀、觀察世界、寫字、哼唱、寫詩、說故事、
　　與所愛的人相處……
　　做自己命運的冒險家、感動採集者、愛與幸福的記錄員，
　　以筆記、情書、家書的形式，

記錄命運瞬間的峰迴路轉、兩人之間的柳暗花明，

以及家人精心安排最值得回憶的美好旅程⋯⋯

此刻的你就已與前一秒的你截然不同，

所有的驚喜轉捩點，

在你的手機上將成為最新鮮的史料。

當我們每個人都順利登上了制高點，

站上了至今以來的最高海拔，，

我們就能在各自的頂峰上

看到更恢弘廣大的版圖；

在雲端上同時目睹並書寫下永恆。

　　我把手機簡訊擴大成個人史那樣的規模，意味著你的命運是真的非常不一樣，這就是片刻即永恆的概念。往往有些時候我們生命到了一定的階段，再回頭看那幾個重要的里程碑，就會發現我們的命運就如同電影《15：17分巴黎列車》一句對白：「有的時候不知道為什麼，人生自動就會幫我們推往到下一站」，如果你每分每秒都以最好的頻率在過自己這一生，那麼這個頻率就會帶你一路往上、往好的方向流動。

案例九：第七屆台哥大行動簡訊創作文學獎徵件

2013，你夢想純度最高的這一天！

如果說2012是毛毛蟲的末日，那麼2013就是蝴蝶的新生！

Marilyn・Ferguson說：進化不是逐漸添加東西，

進化是真正的轉變，是基本結構的重組，

如果骨頭的結構沒有跟著改變，那麼翅膀一點用處也沒有。

不要用舊思維、舊結構，日復一日重複昨天的軌跡，
每一天都是全新的機會，可以重新看待自己、
重新對待自己所愛的人，
每一天都是一次清醒重生、靈魂骨架重組的過程，
你做的每一個新決定，就是跳進新生活版本的起點。

你怎麼過今天，就怎麼過一生！
你用什麼態度過今天，就會決定這一天的版本與結果，
一天下來就天差地別，甚至有的人、有的國家，
就因為這一天而翻轉了整個命運——
從你今天拿起手機寫的第一個字、說的第一句話、
記錄的第一段影片……
就與昨天的你徹底不同、與眾不同，
主宰自己的生命演化，活出此生最美好的一日版本，
今天就會是蛻蛹張翅最關鍵的一天！

春天的第一口氣息，是從一朵花開始的，
讓我們從自己的這朵花，開啟新世界，
用鈴聲召喚大家，以簡訊串連愛，
拍影片觸動每一個人覺醒，
我們就是主筆自己未來命運的作家，
編導未來更美好的創世紀導演。
第七屆台哥大行動創作獎，現在已經開始記錄：
你夢想純度最高的這一天！

這段文字是我自己在新年時寫給自己的一段話，也寫在我的文案靈感記事本裡面，當我要寫一段激勵人心的文案，就可以把這段放進來，意味著我帶著大家一起用全新的結構與態度來過新年。

我覺得寫文案真的不只是一份工作，它是一個讓自己以及讓周圍人都變得更好的管道途徑。所以我自己在寫文案的時候，我的第一個準則，就是我能不能透過開心地寫完這篇文案，讓我比之前更開闊，或是更能夠回到生命的軸心、更能夠發現這個世界美好的地方、更信任周圍的每一個人？也只有這樣子，看你的文案的人才有辦法越來越好，包括使用你這個文案的客戶，也會越來越好。

案例十：第八屆台哥大行動簡訊創作文學獎徵件

我在寫這篇文案的時候，因為正在講「天賦與行動力」的課程，所以我就用這個概念，寫了一篇台哥大的第八屆行動文學獎文案：

天賦創作欲，就是我們分享的行動力！

生命從未停止變動，每一次呼吸、
每一個步伐，每一回的起心與動念
決定與行動都是嶄新的。

智慧型手機已經將我們的生活
革命成一個全新的紀元，
改變了我們的語言形式，
蛻換了我們的溝通內容，
釀成了我們的新藝術潮流。

手上的手機就是我們第一線的發言講台，
情話密室、密友群團、協商場域、導演鏡頭
也是我們新圖騰的原創洞穴，
我們以科技向上天取回了演化主權，
成功興起了一個新文明，
每個血氣方剛的年輕人，都能隨心所欲高速創造出
接下來一切無法預期的驚喜，
一針見血地傳遞前所未有的時代價值觀。

　　這篇文案算是承先啟後，就是承繼之前文案的風格，但這一屆的主題需要特別加上創作與藝術，所以我把手機形容成「發展自己新文明的洞穴」，我不希望手機只是拿來溝通，它甚至於是一個創作平台，可以記錄你的小說靈感、正在寫的詩句、一個繪畫、一個藝術作品的草圖，或是一個電影劇本的初稿紀錄，你的手機就是你的創作平台——科技，它不一定會淺化我們的視野，它有時候可以深化我們的人生，就看你怎麼用，就像水能夠載舟也能覆舟。這就是我希望透過文案，來激發起每一個看到這篇文案的人都記起自己有天賦，而且可以善用他的手機。

案例十一：第二屆BENQ明碁真善美數位感動創意大賽徵件

如何把科技寫得有溫度，有人情味，甚至很有個人的獨特性，這就是我在思考的部分。

BENQ明碁主要在生產大型的液晶電視顯示器投影機、檯燈、喇叭等等，他們當時也舉辦了一個數碼感動創意大賽。它跟台哥大不同的是，它比較重視影音、故事這個面向，包括鏡頭跟螢幕的畫質，所以針對他們所辦的創意大賽，就要特別強調的是以上這幾個元素：

你的私人史，

自2007年起將被正式納入

浩瀚永存的數位文化史中！

生命悠長，但記憶只容許片刻留存，

此時此刻，

讓我們相約2007年7月21日00：00止

為精采的前半生暫作總結。

讓我們端詳彼此曾發生過的：

心念的反差、情緒的光譜、故事的色溫、感動的景深、

知識的輪廓、智慧的角度、夢想的焦距、創意的快門、

以五張明信片大小的窗口，

向全世界展現你生命中截至目前為止

最獨特驚豔的五間SHOWROOM。

這是一場自科技盛世以來，最大規模的靈魂盛會：

你還沒說出、尚未被瀏覽的心路歷程，

將會找到千萬人一起調頻追隨；

你的私人史，將被正式納入浩瀚的數位文化史中，

廣傳永存。

當時的活動在 7 月 21 日的午夜 12 點截止，所以用這個時間，來做為相約大家一起留存前半生記憶的節點。

為什麼會用「心念的反差、情緒的光譜、故事的色溫、感動的景深、知識的輪廓、智慧的角度、夢想的焦距、創意的快門」這些詞？我研究了關於影像螢幕的一些專有名詞，比方：反差、光譜、色溫、景深、輪廓、角度、焦距，快門，如何把這些比較理性的硬體元素，搭配有生命力的東西？你能夠創造出來的生命情緒以及故事有哪些？

此外，我再針對剛剛的元素，寫出另一組：心念、情緒、故事、感動、知識、智慧、夢想、創意，於是就把感性的關鍵字與理性的元素交叉放在一起，你就會看到比較特別的寫法：「心念的反差，情緒的光譜，故事的色溫，感動的景深」這樣的句子。為什麼是五個明信片大小的視窗？因為它的徵件規格就是五張明信片大小，所以就把它視為生命的展示櫥窗。

我希望大家透過這樣的比賽，一方面反思他自己的生命，另一方面成為跟大家分享生命感動故事的平台。

案例十二：第五屆BENQ明碁真善美數位感動創意大賽徵件

我也寫了第五屆 BENQ 明碁真善美創作大賽。當時客戶給我的主題是「記憶」，他希望透過明碁能夠為客戶保留記憶，所以我必須重新思考什麼是記憶。我記得那時候我在歐洲旅行，剛好看見一座名為「失戀博物館」，就是失戀的人把不想再留在記憶裡的東西放進這個博物館裡。當時我在這個博物館裡買到「失戀橡皮擦」，它上面的一段文字是：「可以擦掉你不愉快的記憶」。同樣的，我們對於好的記憶希望能夠被保存，於是我寫下了：

記憶紀元

想要以後能夠想起來的事，
就寫下來吧。

想要以後忘不掉的人，
就拍下來吧。

未來想憶，現在就記。
旅程此刻還在顛簸，但總有一天會遠離顛倒夢想，
現在行進中的日月寒暑，全拍下來，
明天再參。

情緒此刻還在沉浮，但總有一天會上岸觀浪自在，
今天想不通的愛恨情仇，全寫下來，
明天再悟。

記錄下來的興衰都是永恆經典，
與時間無關，

全都沉澱在你生命岩積層裡。
能再挖掘出來的，
不是痛苦早已被風乾的化石，
就是智慧光芒極耀眼的晶鑽。

為了不讓記憶被時間沖逝，
現在開始以圖文來寫歷史記載。

　　我們生命就像是時間的層積岩，當你看到岩石的剖面，你會看到當年的氣候狀況，每一層都有不同的色澤、質地、紋路；我們的生命也是如此，每一分、每一秒、每一天都在累積我們的岩石層，獨一無二的珍貴就如同鑽石。

　　有的時候我們生活步伐節奏太快，還來不及沉澱，所以我們就隨手記下來、拍下來，等到自己比較空閒的時候，就會拿來反思或參悟。明天如果想要拿來做為回憶，現在就要做記錄——但依照我的經驗，可能一直都沒有那個明天，因為大家一直都在很忙很忙的狀態，所以我建議每個星期至少找個半天，來反思一下這周做了哪些事情？遇到哪些精采的人事物？並檢查這岩石層剖面有哪些是你想要留下來的？哪些要做更改？有哪些想要繼續納為你的長期記憶或是你永恆的儲存軟體？

送禮

我們一年到頭有各式各樣的節慶，無論是情人節、父親節、母親節、感恩節、教師節，或者是對方的生日或是結婚紀念日等等，我們有無數個送禮的理由，所以送禮是幾乎每個文案一定會碰到的主題。

你現在就可以開始想，你在什麼情況下，想送什麼禮給誰？或是你想一下：如果在網路上填寫願望清單，你想要完成什麼？你還想幫誰完成願望？

送禮概念可以把它擴大成感謝與感恩，我們謝謝某個人對我們的照顧，或者是謝謝某個人傾聽以及幫忙我們。當你用情感深度來想這個事情的時候，它就不再只是一個買禮物與送禮這麼簡單的商業活動，它其實也表達了一種情感的交流，還有能量的平衡，因為對方為我們付出太多，所以我們要表達感謝之意，而這個回饋是很重要的。你想一下如果你持續對某個人很好，他從頭到尾都沒有任何的感謝和回饋，你會不會有一天會覺得疲乏？我們當然不是為了要得到對方回饋才付出，但是如果他有感謝，我們可能會覺得很溫暖。

同樣的，對我們付出的人，我們應該隨時隨地表達我們的感謝，這感謝可能是透過口頭上、卡片上的一段文字，或是送禮。

案例一：誠品敦南禮品節

　　關於禮物跟感謝，當時誠品敦南店要寫一篇禮品節的時候，我要先去找出在誠品商場裡面所賣的物品，包括日記本、鋼筆、手錶、卡片……我把這些物品都抄在筆記本上面，然後把我想要表達感謝的意思，對應到每一個商品。

　　如果你要寫一篇以感謝為主題的文案，必須要弄清楚你寫的是商品還是服務，它的本質是什麼，然後把這個跟感謝合在一起聚焦，這才是你要呈現的文案概念以及下筆的力道。

關於送禮的又一章

這個「又一章」的概念就是又一篇章的意思，也代表著我們隨時隨地都在感謝，隨時隨地因為有人的照顧而翻起了另一篇章，我是以自己要感謝的立場來寫整篇文案。

　　期待一本全新的日記，
　　謝謝自己熬過萬念俱灰、心碎買醉的日子。

文案第一句話並不是要感謝誰，反而要感謝自己，感謝自己度過低潮的那個勇氣以及起死回生的奇蹟，可以透過一本日記帶我自己走過最低谷，所以這個送禮不一定是指送別人，還包括送給自己、犒賞自己。舉例來說，比方我在寫一本書，有很多時候也會遇到拖延症，想偷懶一下去看看電影或是跑出去玩等等，這樣的話就沒有什麼東西可以寫下來了，所以我一向先把計畫做完，在每一件計畫完成之後會給自己一個小小的犒賞，

這犒賞可能就是下午茶或是旅行。此外，我在年底時會買日曆型記事本，幫自己重新規劃新生活、旅行或者是寫作，所以我就用這樣的心情來寫這兩句文案。

　　期待一支快樂的鋼筆，
　　謝謝孩子平安度過夜夜提神，日日煎熬的聯考。

看到同事對於她正在聯考的孩子很焦急，但是又幫不上忙，所以我在想，等孩子考完聯考後，她媽媽可以送給他一支鋼筆，算是感謝他、慰勞他。

　　期待一隻忠實的手錶，
　　謝謝情人時時陪伴、追隨焦慮、憂傷或忘情的每一天。

我們送錶給情人，讓他隨時隨地無時無刻佩戴在身上，當他要看時間也等於看到你對他的愛情，而且它就綁在手上，就是一個永遠的陪伴——我們把每個禮物都放入感情後，代表送給對方我們的一部分，這就需要溫暖的想像力。平常可以觀察什麼東西很容易被做為禮品，然後為之寫一段文字或文案，這就是很重要的文案靈感庫。

　　期待一張手作的感謝卡，
　　謝謝員工夜以繼日、拋妻棄子地加班。
　　沒有節慶的7月，沒有公開送禮的理由，
　　誠品敦南店提供每一個想找藉口額外感謝的人，
　　一個「秘密佈局驚喜」的籌備處。

案例二：誠品書店8月卡片展

誠品書店 8 月卡片展，是指所有的卡片設計，都在這個月份特展裡展現出來。

當時我去誠品書店看各式各樣、很有創意的卡片，拿一個記事本把所有看到卡片上很驚喜、刺激我靈感書寫的部分都記下來，比方在卡片封面放一顆紅豆表示思念，或是有一些塗鴉，甚至有一些虛擬的化石鑲進卡片裡……回去之後我就根據所做的筆記來完成這篇「紙上生物館」的文案：

創意盛期・紙上生物館

夢的痕跡塗鴉在16開的粉彩紙上。
辣椒風乾在200mm長的道林紙板上。
白堊紀的魚拓印在原始的雲石紙上。
紅豆則養在190磅淺綠色的海藻紙上。
卡片是一座座簡化的生物館，
不活了的花、草、昆蟲、物一一得道，昇華成紙上標本，
用另一種速度在開花、行走，和人的感情，
進行無聲的光合作用。

開發生活的最盛期，
無聲的光合作用，保存各種最官能的創意，
8月14號起，百種美日法進口的卡片，
在誠品多情演出。

我記得有一些小辣椒被「種」進卡片裡、有的是小燈安裝在卡片裡……這些都是我寫這篇文案的重要視覺靈感。當時我還要了所有的紙張樣本，如果我說「辣椒被貼在卡片上」，這句文案就沒有詩意了，我要寫的是「辣椒風乾在 20 公分長的道林紙板上」，因為「道林紙」這三個字有道路的意象，所以這文案可以讓你彷彿看到辣椒被掛在兩邊樹林道上——也就是說，我在選擇紙張與物品對應關係時，我必須要考慮紙張的名字能不能呼應我所選的元素：塗鴉應該在粉彩紙上，魚化石痕跡就該在雲石紙……我把卡片當成是一座簡化的生物館，生物生長的感覺。你現在就可以練習：如果由你來寫海報卡片展的文案，你會怎麼寫？

課後練習

如何寫出讓消費者 「心動不如行動」的文案？

❶ 在文案中埋入刺激消費者的感情很重要，創意人必須懂得置身於客戶和消費者的心腦之中。

❷ 文案需用深入淺出的方式表達出商品、空間、服務的美感、深度和意涵。

練習題

■ 就你今天所看到的促銷活動，無論是商品的特賣、某商場的周年慶，或是網路店家的購物節，有沒有辦法用更深度、更有哲思、更美的方式來傳達這個活動？

第十二堂課

第三式：如何寫品牌形象
商品包裝、公益活動文案

品牌形象

　　一篇成功的形象文案，對於這個品牌是非常重要的，就相當於名字之於一個人。接下來我用幾個案例，來分享一下我是怎麼構思企業形象文案，或是為商品、服務擬定核心精神、定位、風格、臉，面貌，名字……。

案例一：誠品書店12周年成立網路書店

　　誠品書店在 12 周年慶時成立了網路書店，所以我要思考有什麼是網路書店有，但是實體書店沒有的？我必須要把網路書店最重要的獨特點表達出來——網路書店可以放進無數本書不占任何空間，所以不會受制於租金、倉儲、營運成本；第二它沒有打烊時間，任何時候都可以上網進到網路書店而不必走路、坐車、坐捷運。

網路書店之於實體書店，它在時間上、空間上、種類上是更自由的、更無限的，所以我為誠品網路書店想了一句很詩意的標題：**知識已經無法放進一張地圖，所以我們給你一個網址**。我要表達「具體巨量的書本放不下書店」，轉譯成抽象就是「知識放不進一張地圖」，所以給你一個無限量的網址，意味著知識與智慧的無盡藏。

　　因為是誠品網路書店第一篇形象文案，這一篇就是它的風格定位，也可以說是它的臉、它的面貌、它的名字。這篇文案挺長，所以當時我大量閱讀所有跟「書」有關的書，讓這篇形象文案展現出它的世界格局。

知識已經無法放進一張地圖，所以我們給你一個網址：www.eslitebooks.com

誠品12年，誠品全球網路元年。
3月6日周年慶暨發表酒會。全面狂歡慶生中。

全網創世紀

西元前3世紀，埃及亞歷山大圖書館，
在港口攔截並一一謄收往來船上的所有卷軸，
收藏了十萬卷，全世界所有的書。

這段是源於我看到的一個典故：當時亞歷山大大帝想要征服全世界，他在埃及的亞歷山卓港建立一個圖書館，規定所有經過的船隻必須將船上所有的書卸下，找人謄寫一份放進埃及亞歷山大圖書館，因為他認為要征服全世界不能只有軍隊，而必須

要擁有全世界的知識，所以我希望誠品網路書店能繼承亞歷山大圖書館那種收藏全世界知識的野心。

> 中世紀的歐洲修道院，
> 為了古希伯來經文卷軸在書架上，
> 應該直放還是橫放爭論了上百年。
> 書與書架互成垂直，然後層層架構如網的野心，
> 滿足了人的求知欲，卻放不下書店有限的藏書空間，
> 所以我們得找一個地方，
> 一個既深且廣，時間與空間不設限的知識礦藏處，
> 自由Hyper link你的出口，以光學閱讀一本書的永恆價值，
> 帶著所有不滿足的靈魂，找到所有思想的智產不用饑荒，
> 不讓任何一本心血數年的作品，
> 在商業的高度夾縫中瞬間消失。

一本書在實體書店，它會有空間陳列的問題，比方放在前面比藏在角落更容易被人家看到，但在網路書店你可以依照自己興趣打進關鍵字，透過搜尋找到相關或相類似一連串的書，比實體書店所能夠連接的書更多，而且沒有所謂書本直放橫放的困擾，更不會因為這本書比較少人知道，就沒有在網路書店裡出現。

> 21世紀之初，
> 科技繼承了亞歷山大圖書館收藏，
> 並讓全世界知識各得其所的野心，
> 所以我們成立了誠品全球網路，

沒有什麼事物能活得比書久。

就像Henry Petroski說：書架的用途是書決定的，

在這個世紀，誠品決定用這種方式收藏更多的書與文明：

我們找到了可以放無限本書的空間，

而且正在努力讓她富足。

半夜無助時，你可以在這裡找到哈利‧波特的最新冒險；

白天困頓時，在辦公室的電腦桌上就能找到榮格的靈魂出口。

我們將要找齊，千年以來人類已產生出的靈思與自然的啟示，

然後用創意的、有主題的觀點分類，

輔以深度評論、延伸資料，

建構一個有趣的知識系譜，讓你在大規模的搜尋路徑中，

享受觸類旁通遇見一本好書的驚喜。

這將是一個在你眼前的

國家圖書館、萬神殿、藏經閣、讀書市集，

也是你的私人書房、獨處修道院、

心得告解室、創作室、社群交流沙龍，

和一間自我取「閱」的享樂室。

William Ewart Gladstone說，

在一個擺滿書的地方，沒有人會感到孤單。

誠品書店12歲成年禮vs.全網元年出生禮

虛實滿足你意識與潛意識的讀書欲。

知識已經無法放進一張地圖，所以我們給你一個網址：
www.eslitebooks.com

網路書店比實體書店還多了時間的自由，當你面對網路書店，它就像是一個收藏豐富的國家圖書館、被所有作者包圍的萬神殿、是收納古今中外的藏經閣、是萬國圖書市集、是私人書房、是自己獨處的修道院……為什麼是修道院？當你在看心靈書籍時，你就是跟這本書獨處，這就是修道院的概念。網路書店也可以是告解室，意味著你在讀一本書，彷彿在跟作者私語，跟他告解你內心的秘密。此外，網路書店既是社群交流的沙龍，也是自己取「閱」自己的密室，你對「書」、「書店」有多豐富的想像，這篇文案就能帶讀者走多遠。

案例二：富邦藝術基金會形象文案

　　如何幫藝文、文創類基金會，或是講堂來寫一篇形象文案呢？富邦藝術基金舉辦很多與藝術相關的活動，無論是展覽、講座、論壇，或是藝術市集等。因為它是大規模的企業形象文案，所以我給它四大主題：時間、創意、藝術、氣味，每個大主題上有一系列的文案。如果你要寫一個大型企業形象文案，你必須要先抓到一個主要的核心點，像是先長出主樹幹，再建構出 3 到 5 個分枝出來，每一句文案概念都要緊緊抓住企業的核心精神，讓這棵樹茂密起來。

　　我們應該把每一天，
　　獻給藝術所帶給我們的每一場生命奇蹟！

每個人應該把每一天，與藝術做有趣的激盪交流，豐富我們的生命。

時間

在我們生命中有若干個凝固的時間點，
卓越超群、瑰偉壯麗，
讓我們在困頓之時為之一振，
並且瀰漫於我們的全身，讓我們不斷爬升。
當我們身處高處時，激發我們爬得更高，
當我們摔倒時，又鼓舞我們重新站起。

——華茲華斯（引自《旅行的藝術》）

時間對我們的意義是什麼？這段話就是我平時閱讀寫進文案靈感資料庫裡面的名言。

人生是一場美麗的旅程，在每一次不經意地駐足時，
藝術便在我們眼前，慷慨地展現一望無際的驚奇。

富邦藝術基金會自1997年開始，
已經舉辦了上百場的展演與講座，
所有由精采生命所分享出來的驚喜，
已經在上萬人的生命中，埋設了幾個重要的時間點，
在他們心靈需要蛻變或昇華時，
悄悄地發生了作用。
富邦藝術基金會不只是一個藝術展演中心，
而是一個讓生命交相激盪的場域，
每日每夜，進行著希臘哲學家所謂的「實踐的幸福」。

藝術基金會的活動、展演，實際上是幫每一個人的生命埋下很多精采的地雷，當生命需要被激發時，這個藝術的驚喜就會爆開來，在低谷時能為之一振，幫我們實踐每一天的幸福！

創意

我的感官需要重新調整，來體會夜晚裡堅實土地，
風的感覺，以及沉靜的聲音。

——英國作家艾倫・狄波頓

創意是什麼？
就是換一種全新的目光看世界，
就如同普魯斯特所說：
真正的發現之旅，不在於找尋新天地，
而在於擁有新的眼光。
以一種新的高度、新的速度、新的向度望著我們的生活，
一年不再只有四季更迭，一周不再只有日夜交替，
一天不再只有24小時生滅，
我們可以用佛羅倫斯的月光，佈置家的溫馨，
用濟慈的眼光來對待情人，
踩著馬勒〈巨人交響曲〉的節奏去上班，
以林布蘭畫一幅人像素描的時間，端詳家中的老奶奶……

富邦講堂，請了建築、藝術、美學、
宗教、文學、旅行、美食……
各領域的名人，

為我們看世界的眼光，做了一場一場生動的導覽。

於是單調不變的視野轉換了，

我們的日子突然變得豐富多彩。

新的意義從我們舊的觀看模式中掙脫出來，

這是他們為我們趨於常軌的生命旅程中，

所做的最大革命與冒險。

富邦藝術基金會做很多創意相關的活動，比方說創意市集，所以創意也是他們基金會很重要的主題，它提供了以創意來汰換平常單調的眼光，讓你用藝術或是有創意的眼光，來看你原來的生活，引導大家過一個不一樣的生活。這裡引用《旅行的藝術》我很喜歡的一段話，這本書很推薦大家看，裡面有許多關於旅行視野的轉換，以及多層次思考人生的角度，是一本文案必讀書。

藝術

倫敦是沒有霧的，因為惠斯勒把霧畫了出來，倫敦才有霧。

—— 王爾德（引自《旅行的藝術》）

這句話說得非常棒，在一個城市裡人們行色匆匆，不會覺察什麼時候有霧，頂多就是霧霾的時候覺得呼吸不順而已。在英國倫敦，霧是一個常態，常態到很多人都忽略它，以為霧是不存在的，正因為畫家惠斯勒把霧畫出來，倫敦的霧才被大家看到，這就是藝術的價值，帶著我們看到自己習以為常、經常忽略在身邊的美。

藝術，以一種獨特的生命形式，
傳遞著藝術家從靈魂底層蔓長出來的情緒與價值，
引發了我們靈魂深深地顫動。

霍姆斯說：伸展至新思想的心靈，
絕對不會再回歸到其原先的視界。
藝術家眼中的世界，是如此的與眾不同，
於是我們有了一雙奇蹟般的雙眼，
有了一張全新的生活地圖，
就如同卡爾維諾在《看不見的城市》所寫的：
艾斯瑪拉達的居民，免於每天走同一條路的厭煩。
在階梯、駐足台、拱橋、傾斜的街道之間上上下下，
每個居民，每一天都可以享受從一條新路，
抵達相同地方的樂趣。
富邦的藝術小餐車，
已經為我們上了很多道慶典般的靈魂饗宴。
藝術以各種新鮮的形式，在人與人、人與城市之間流動著。
讓我們在沒有規則的夢境中，盡情盡興地遊戲著。

氣味

一陣突如其來的香氣，喚起了波戈諾山區湖畔的童年時光……
另外一種氣味，勾起了佛羅里達月光海灘的熱情時光
第三種氣味，讓人憶起全家人團聚在一起的豐盛晚餐，
燉肉、麵條、布丁和甜薯。

——黛安‧艾克曼（引自《感官之旅》）

相信大家看到這幾句話，你彷彿可以聞到那個味道，或者是看到美食的樣子。

> 藝術，以一種無條件的美，
> 將你與他人形成一種感動的聯繫，
> 這個世界便以超乎你想像的方式，展現出它的大千風景。

藝術不是一張不動的畫或雕塑，其實它是一種美的能量，可以串聯你、其他人以及與這個世界的聯繫方式。

> 這裡不再是一個博物館，
> 是一個可以聽到呼吸與話語，
> 可以聞到人與作品氣味的藝術市集，
> 世界上沒有比氣味更容易記憶的了。

富邦藝術基金會辦了很多場的藝術市集，你可以聞到花的味道、食物的氣味，或者是顏料的味道。

> 在這裡，我們都變成了好奇好動的孩子，
> 眼前的一切，都成了愛不釋手的玩具，
> 就如同英國桂冠詩人曼斯斐爾所說：
> 在快樂的日子裡，我們變得更聰明。

這整篇就是我為富邦藝術基金會寫的形象文案，所以只要你想的比客戶還多、還深、還廣的時候，這個文案通常就會一次通過提案，也省掉日後還要修改的時間。當你寫到最好，客戶就會一直找你，案子就源源不絕。

案例三：鶯歌陶瓷博物館形象文案

　　這篇是我寫過最難、也是最長的文案。台灣鶯歌陶瓷博物館當時找了三位作家，分別寫陶瓷的過去、現在與未來，當時他們希望由我來寫未來館的部分。在接這個案子之前，我對陶瓷一點概念也沒有，但這段文案又很重要，因為它會被刻印在鶯歌陶瓷博物館的牆面上，當時他們給了我一大疊關於陶瓷的工業報告，裡面全是資料與公式，我是一個文科的人，我就想辦法用詩意的方式，來看一個非常生硬的陶瓷工業報告。

　　既然要寫一篇未來館的文案，我寫的總標題也必須要扣著「未來」的概念，而且這個博物館是針對一般大眾，所以不能寫得太生硬，既要夠感性，又能夠提供陶瓷的基本資料，包括它的特性、特質以及它的功能，所以我就把陶瓷轉換成一個有脾氣，有個性，有溫度的女人，當我找到這個切入點之後，我再用這個角度來看整份陶瓷工業報告，很快就能從很生硬的報告裡，找到幾個可以下筆的訴求點。我也依據陶瓷的特性、功能來寫成一段段的文案，總字數多達 3000 字，這是我寫文案30 多年來最長的一篇（節選）。

陶的未來預言室

畢卡索感歎地說，
有了她，我們就很難獨處了。
她藏在鐘裡，告訴我們起床的時間。
她留在收音機和錄放影機裡，
記下我們每一筆的思考對話。

她射日換成電能，給足我們光和溫暖。

她啟動我們的車一起去旅行。

她也躲在眼鏡裡，看著我們好奇的世界。

高感染力的她，還化身在手機裡，

成為笑聲和故事最頻繁的路線，幫我們維繫人際關係；

並在我們最孤單的時候進駐Internet，

成為我們虛擬的一部分，傳輸我們的靈魂，

與別人「陶」醉一夜鍾情。

在我們的時鐘、收音機、錄放影機、電暖爐、燈泡、車子、眼鏡、手機、電腦網路的介面都需要陶瓷，與別人「陶」醉一夜鍾情，「陶」也隱喻著陶瓷的「陶」。

除此之外，她還幫我們偵測敵情，

發展遠紅外線導彈系統，以贏得我們的革命情誼。

她說，她不只想要介入我們的生活，

她對人極度敏感，有條件做我們最好的知己……

她幫我們聽清楚世界，探訪嬰兒的心跳，

她也聽清楚我們的情緒、潮汐和病情。

她不僅構成我們的精神磁場，激盪我們的能量，

她也是我們長出來的感官和新觸覺系統，

調和或強化我們和外界的關係。

陶瓷不僅是武器設備的一部分，也是發聲器、助聽器，還可以偵測心跳，在很多醫療檢查系統裡面都有她。

我們仔細端詳「陶」，
她熬過1400度高溫的磨難，
以離子鍵或共價鍵的鍵結方式，
緊密並強化自己的內在，
保持鎮定、臨危不亂，結構意志比鋼鐵還強硬。
她從此不畏熱、不怕磨、抗高壓腐蝕，
在酷熱的汽車和飛機的引擎上發揮她的極限，
有時還能展現出有磁性的魅力及透光的智慧。

一個因失戀而一蹶不振的人，
應該向她的靈魂學習堅毅。

我把陶瓷的特性：耐高溫、耐磨、堅硬、有磁性、能透光……
這幾個特質，比喻為人的個性。

千年不變，安全與幸福最好的守護者！

從沒見過這麼兩極性格的材料——陶，
可導電，也可絕緣，
可溝通，也可防衛，
比人還有原則。

她很懂得生活，沒有怨言：
陶罐醬油、陶管排水，陶甕釀酒……
她樣樣事必躬親。

她的堅毅，讓她化身成煉鋼和玻璃窯場的耐火坩鍋、
工廠的鹽酸甕、分解缸、耐酸磚、耐火磚，

她幫人擔待生活上必須要熬的艱辛，
也幫我們與無情的電流之間和平地絕緣，
家裡的電線導管、插頭、開關……
她都守在裡面，怕我們出意外。

不只在盛世，當我們受到威脅時，
她就變成武器，幫我們擋子彈，抵禦侵略；
手榴彈與地雷的外殼，軍用飛機螺旋槳，淬火用大陶缸、
台灣南投和九曲堂的戰用防空缸、軍用陶碗、
戰時通信的管線……
我們在危難的時候，她並沒有走遠。

把陶瓷擬人化後，即便在講它生硬的功能，也一樣可以寫得很
有情感。

她變成我們身體的一部分

她在醫院裡走進了身體，成為我們的一部分。
精密陶瓷不具毒性，不會破壞人體免疫系統，
與人體親近，而且耐久有強度，足以扶持我們一輩子。
她變成重傷人新生的骨骼、不良於行者的新關節，
她聽我們的血壓脈搏，探測我們的健康，
並複製嬰兒的心跳。
只要我們喝一杯裝有微機械的柳橙汁，
她就可以動手清除血管裡的阻塞與病。

此外，她還義不容辭地修復沮喪的靈魂，

和一蹶不振的傷，

化成助聽器繼續聆聽貝多芬的田園交響曲，

變成牙齒，代替老人咀嚼，長成心臟瓣膜，

繼續我們的心動！

陶瓷是很多醫療設備或醫療器材裡極重要的部分，用這個特性把它擬人化，當成栩栩如生、超能萬能的人，就能夠很順手地寫完這篇文案。

很高興她參與了我們的過去，

也歡迎她加入我們的未來。

我用這兩句話做為整個文案的首尾定位，即使文案很長，也是一氣呵成。平時在逛你喜歡的圖書館、美術館、博物館、音樂廳、戲劇院或展覽會場時，可以隨時隨地構思：如果要寫一篇形象文案，可以怎麼寫。

案例四：西安音樂廳形象文案

我以自己西安音樂廳的文案作品來做為案例。如何為一個有藝術氣息的公共空間寫形象文案？我記得那時候還特別飛西安一趟，聽館方人員介紹西安音樂廳：它的空間規劃、音響設計、還有他們曾經主辦過的節目……另外我必須要讀一些西安相關的歷史資料，把自己當成是在西安住了上千年的文人：

我們把西安最繁榮的地段，留給這個世界上最美好的聲音。

如果沒有西貝流士，芬蘭就成了啞巴。

用來隱喻如果沒有音樂廳，西安也沒有自己的聲音，我引用這段話來代表音樂對於一個城市的重要性。

> 發生故事的地方已成歷史，
> 至今仍留下來的呼吸、氣味、舞步、顏色、質地、光影……
> 讓西安有了自己的聲音。
> 全球知名巴黎歌劇院聲學設計師馬歇爾，
> 以優美的視線和聲場分布，
> 為西安音樂廳譜出最完美的空間排場。

如果我寫的是：「我們請巴黎歌劇院設計師馬歇爾，為西安音樂廳做設計。」這樣的文案就沒有經過轉譯，它只是平鋪直敘地在講一段資料。所以我把馬歇爾視為是聲學設計師，也把他當成音樂家，因為他為空間譜出了很美的節奏，所以我寫的句子是「為西安音樂廳譜出最完美的空間排場。」

> 木色是慢板，銀白是快板，
> 這裡產生最原創的藝術光音，
> 一幕幕都變成了永恆，

我把建築空間的製材素材，完全以音樂的專有名詞來做替換。

> 聲閘、光閘、反聲板的設計，
> 將最飽滿的環場音，收納進你的感動中。
> 每一度的空間設計，都是我們精心創造的聲音微宇宙，
> 全西安最強的音域、最美的藝術生態，
> 你都在場！

為什麼要講「你在場」，而不是講「歡迎你來」？有時候我們要為音樂廳的觀眾做一個「決定句」，比較霸氣地跟他說，在這麼好的地方，你應該要在場。

> 約翰尼斯・克萊斯製造78個音栓，
> 4201根音管的巨型管風琴，
> 德國原廠施坦威、義大利法西奧利三腳名鋼琴……
> 吸引國際知名的首席演奏家、歌唱家、音樂與舞劇團體
> 前來西安音樂廳向我們展演第一現場的感動。
>
> 原創是很奢侈的，像是嬰兒的第一口呼吸，
> 刺激腎上腺素的視覺、有著濃郁氣味的聲音。
> 我們不必出國，
> 捷克愛樂、德國柏林交響樂團等世界十大交響樂團，
> 《阿依達》、百老匯音樂劇《四十二街》、《貓》……
> 阿什肯納齊、蘇菲・穆特、久石讓、李雲迪、
> 馬友友、譚盾、呂思清……
> 他們全都來了！
> 1.8萬平方米的音樂規模，
> 每一場，都是一群人物的靈魂頂點。
> 在擁擠的現實和天馬行空的烏托邦之間

因為西安音樂廳的環境很好，吸引了國內外的重要音樂家、劇團來這邊演出。我不會講「西安音樂廳有 1.8 萬平方米」，這是一個沒有經過轉換的句子。如果你是有視覺的，經過想像力轉換後，就變成「你就擁有 1.8 萬平方米的音樂規模」，這就是用抽象音樂來取代具象空間的方式。

以獨特的展演形式，

在生命中深深埋下這些令人顫動的時間點，

與你的激情一起站立鼓掌。

雖然我沒有在那裡看過表演，但是我在寫文案時要想像所有的觀眾看完、聽完表演之後，起立鼓掌的那個景象，我寫的是一個現場，演出者與觀眾的互動，以及時間。

我們需要藉著音樂、戲劇、舞蹈家，

搜出每一處被感動的樂章，都將成為生命經典，

或許有個人他心情不好，很低沉，沒有什麼活力。那天他走進了西安音樂廳，聽到了一段交響樂，他的人生從此翻轉，因為他從這個交響樂裡找到生命的激情、力量與希望。這裡就是一個很好的平台，先匯集所有的音樂，再把人匯集過來做一連串的聆聽，讓他們有機會啟動人生的轉捩點。

你只要專心聆聽，就能更新靈魂美學的最高海平面，

在生命需要蛻變或昇華時，

這些美好就會再度滋潤你的身心流域。

我把這個音樂廳定位成靈魂美學的最高海平面。大家如果去過音樂廳或戲劇院聆聽觀賞一場表演，你是如此的專心，你不太可能還在想自己煩惱的事，那個片刻把自己全然投入，跟著音樂起伏，你彷彿就變成了音樂本身；就在那個忘我片刻，它就像是很高的靈魂海平面，瞬間覆蓋了海底下坑坑巴巴的小煩惱、小瑣事，日後在你需要蛻變時，這些音樂的美好會再度滋潤你的身心……這就是我在腦海裡的畫面。

音樂是宇宙法則，也是個人境界。

我們以超大規格展示出最美好的生命時刻，

每個月收藏一個黃金篇章，

每天都有全新的藝術選擇：

獨奏、民樂、民謠，輕音樂、流行音樂、實驗音樂、

交響樂、週末市民音樂會、戲劇、芭蕾舞、現代舞、

音樂劇、視聽音樂會、藝術講座與展覽、

西安國際音樂節……

2009年，開始我們的西安音樂文明，

350場慶典般的世界級音樂饗宴，

全年1/3公益演出的堅持，

這裡就是歡迎每個人入席的生活演練場，

聲音、燈光與生命節奏，在西安音樂廳中日夜交相激盪，

我們把西安最繁榮的地段，留給這個世界上最美好的聲音，

所有天價無價之美，都將在這裡感染你！

我把整個西安音樂廳世界級規模，扣進每個人的生活裡，它不是與人距離很遙遠的一個空間，而是與大家息息相關，就像是每個人的生活演練場，每個人靈魂海平面。在寫文案的時候，無論你把商品、空間、品牌、企業形象拉的再怎麼高，最後一定要把它扣回到每個人的生活裡，否則他們就不會有共鳴。平時有機會就為藝術空間練習寫文案，無論它是小店、藝術空間、音樂廳、咖啡廳、戲劇院或是一個表演中心都可以。

案例五：北京海文學院形象文案

我在帶團時，有一位北京地產商的老闆娘，她引進身心靈的課程到北京，成立「中國海文學院（The House Of I）」，她希望我幫這個學院寫一篇形象定位文案。當時在寫這段文案之前，還特別到這個地方住了幾天，享受這邊的山、林、樹木、乾淨的空氣、很悠閒而放鬆的心情。當她跟我簡報這個案子時，我們基本上幾乎不用開會，而是很開心地聊一個下午，這篇文案就寫出來了。

我還記得在念這篇文案給她聽的時候，她真的感動到眼眶泛淚——我覺得寫文案最享受的狀態，就是先付出感情，真正深愛著它，我要比客戶本人更愛這商品、服務、空間，把對這個地方的感情、對這個品牌的深情，像寫一封告白情書那樣子的寫出來，不僅要感動自己、感動客戶、也要感動每一個看到的人。

這家海文身心靈培訓機構，聘請了很多國外非常知名的身心靈老師到這裡來授課，因為我自己也接觸身心靈相關領域，所以對我來說，寫這篇文案非常的輕鬆愉快。

以愛為最高創造頻率的美好場域：The House Of I

我引用他們培訓老師 Andrew Harvey 寫的《懂得愛，在親密關係中成長》，然後根據這段話來鋪陳整篇「以愛為最高創造頻率的美好場域」文案：

愛的呼喚在每一刻從四面八方向我們湧來，
我們凝視著愛的曠野，
你可願意與我們同行？
現在不是留在家中的時候，
應該進入花園，
喜悅的曙光已經升起，
這是合一的時刻，看見遠景的時刻！

——Andrew Harvey，
引自《懂得愛：在親密關係中成長》

任何時候，你所感受的情緒都是一種指標，
它反映出你與內在自己振動頻率的關係，
情緒會告訴你，你當下的想法與其發出的頻率，
是否與自己的本源（sourceself）頻率相符合。
當兩者頻率相同，或是很接近時，你會感覺很美好，
如果想要在生活中過得愉悅，你就必須要找出方法，
讓自己與「生命想要你成為的」版本一致。

——Esther & Jerry Hicks
引自《情緒的驚人力量》

這段話是出自於我非常喜歡也非常推薦的《情緒的驚人力量》，它裡面提到許多關於情緒的深度知識，非常適合做為身心靈相關文案的參考書。

美好的生活不是短暫的出國旅行，
也不是還沒到來的遙遠夢想，

我們每天與最愛的人花時間在哪裡，
哪裡才是我們共創出來的真正生活。
愛是與生俱來的天賦本能，
只是我們在競爭場中久了，
戰鬥與防衛讓我們忘了愛。
當我們在外面的世界受了傷，
請回到The House Of I來療癒，
這裡是以愛為最高頻率的場域，
我們會在這裡記起：
我們彼此最初的生命約定，
記起了我們是為了體驗愛而來！

這段是我自己很喜歡的一段話，我們有時候在現實生活中，覺得受挫或是感覺到冷漠受傷的時候，我就會用這段話來提醒自己。所以我就把這段文字放進來，因為它非常符合海文學院的精神：創造一個大家可以在這裡學習療癒，在這裡記起我們原來的約定就是「愛」的空間——這些都是我為他們描述出來的美好的空間氛圍、人與人的關係、以及人跟自己的關係。

The House Of I保留了5000畝純淨的天地山泉，
周圍大自然的原貌，是啟蒙我們的生命教室，
每一個人在這裡恢復了彼此非常寶貴的信任，
一如天真無瑕的嬰孩信任著母親無條件的愛，
有了信任，才能放心地創造，
我們才能看見每個人的百花齊放！

這段話也是我自己深刻的生命體驗，我覺得如果人都花時間在彼此防衛、攻擊、競爭，我們哪來的時間、哪來的信任去創造？

> 我們在外面迷失的自己，
> 在這裡找到了明心如鏡的本貌。
> 我們忽略的健康，
> 在這裡有人接手修護照顧，
> 並向你溫柔示範該怎麼愛自己的身體。
> 越來越疏離的親子關係，
> 有人協助你們恢復如子宮般的信任。
> 我們現實中被扭曲的愛情，
> 在這裡可以一起被療癒，
> 並重新愛上彼此，彷彿初戀。

這幾句文案是指他們有很多關於身心靈的療癒課程，包括個人成長、夫妻親密關係、親子關係的課程。

> 在The House Of I的每一位老師都是我們的生命嚮導，
> 她們以靈性之眼，
> 帶我們用最美的心去體驗這個世界的美好版本——
> 這裡有很多儀式、節慶，
> 每個人都在忙著蛻變、
> 忙著慶祝生命、忙著感謝、忙著創造、忙著遊戲……
> 彼此滋養、互相支持、一起探索生命之美。
> 只要每個人都能善待自己，

就能跟整個世界相處愉快！

這裡是生活的魔術箱，
是我們遺忘已久的童年，
是我們呼吸得到的天堂，
也是我們最好的生命場景，
每個人體驗著生命美好的各種版本，
在這裡，大家都恢復了生命的原廠設定：
愛、無懼、喜悅、創造、自由、幸福！

The House Of I，
1983年源自於加拿大的Heaven，
我們把美好的生活，
札根于北京八達嶺長城腳下古崖居原鄉，
在我們夢寐以求的純淨之地，
開始了我們的新生活！

北京海文學院世界全人大會活動文案

從 10 月 17 到 25 日，中國海文學院所舉辦的亞洲第一屆國際全人成長中心年會，簡稱「世界全人大會」，他們請全世界重要的身心靈主辦方，到這裡來開一場研討會，所以必須把這個文案寫得非常國際規格。

因為中國海文學院就在北京原鄉這個地方創建，而「原鄉」這兩個字又有家鄉的概念，我不需要說「我們這個活動在

原鄉舉辦，等你來參加」這樣的句子，而是可以轉換成有感情的寫法，所以才會寫成「我們在原鄉，等你回家」，就算是你第一次來，你會感覺心像回家一樣的親切與放心。

10月17～25號世界全人大會，

我們在北京原鄉等你們回家！

我們所有的人，彼此之間都有關聯，
你沒有辦法讓一個生命單獨存在，
就像你沒辦法把一陣微風，
從風裡面分離出來是一樣的道理。
　　　　——Mitch Albom, The Five People You Meet in Heaven

以上引用一段我非常喜歡的《在天堂遇見五個人》，這本書是《14堂星期二的課》作者的新作品，用這段文字來講「全人」、「合一」的概念，非常符合這個活動的精神：

我們已經彼此分離夠久了，
宗教歧見、國家邊界、政治對立、個性不合……
讓大家都忘了，
我們本來自同一個源頭，站在同一個地球。
　　　　——《米爾達之書》（The Book of Mirdad）

將「全人」的概念，
完整地向我們每一個人揭示：
難道人會在生命的大樹上，僅選擇一片葉子，

將自己全部的愛只灌注其上？
那麼承載那片葉子的樹枝又該如何？
連接樹枝的樹幹又該如何？
保護樹幹的樹皮又該如何？
餵養樹皮、樹幹、樹枝和樹葉的樹根又該如何？
擁抱著樹根的泥土又該如何？
讓泥土肥沃的太陽、大海和空氣又該如何？
如果連樹上的一片葉子都值得你去愛，
那麼，整棵樹不是有更多值得你去愛的嗎？

把整體分化出去的那種愛，本身就注定了不幸的命運。
你就是生命之樹，當心你在分化你自己！
不要讓果實互相比較，葉子和葉子、樹枝跟樹枝，
也不要讓樹幹和樹根、整棵樹和大地之母相互對立，
但你們所做的正是那樣，

愛某部分更甚於其他，或把其他排除在外。
你就是生命之樹，你的根佈滿每一處，
處處都有你的枝葉，每張口都有你的果實。
不論樹上的哪顆果實、哪根樹枝、哪片葉子、哪條樹根，
它們全部都是你的：果實、樹枝、葉子和樹根。
如果想讓這棵樹，長出又香又甜的果實，
你得讓它又壯又綠，留意樹根所餵養的汁液。

除非擁有全部的自己，否則那就是假的自身。
只要你還會為愛感到痛苦，

就表示不但尚未找到真正的自己，
也還沒找到愛的金鑰匙，
你愛的是短暫的自己，
所以你的愛也是朝生暮死。
只要還把某人喚作敵人，你就還沒有朋友。
懷有敵意的心，怎能成為友誼的安全住所？
只要心中還有憎恨，你就不知道愛的喜悅。
若你給一切你的生命汁液，但就是不給某一隻小蟲，
那麼光是那隻小蟲，就能讓你的生命痛苦。

因為愛任何人或任何事物，
事實上，你愛的正是自己；
相同地，你恨的任何人或任何事物，
事實上，你恨的正是自己。
因為你所愛的和你所恨的，
其實是密不可分，就如銅板的正反面般。
如果對自己夠真誠的話，
在愛你所愛之前，
你得先愛那些你所恨的以及恨你的。

這段是我看完整本《米爾達之書》裡最喜歡的一段，這段話也被謝明憲翻譯得非常美——我覺得翻譯書應該要有「沒人看出來這本是翻譯書」，彷彿是一位中文詩人或作家所寫的那樣流暢，這才算是好的翻譯品質。

如果我們只把自己當成一片樹葉，
很自然地會跟其它樹葉搶奪資源，
但如果把自己視為許多樹葉加一根樹枝，
就不會與其他樹葉競爭，反而彼此支持；
再這樣繼續擴大思考：
如果自己是整棵樹，
如果自己是一棵樹＋一片大地
如果自己是一棵樹＋一片大地＋天空……
你意識到自己越大，
可用的資源就越豐富滿足；
你與他人之間，
就像是左手右手的關係，
只會無條件地相互合作，不可能起競爭心。

中國海文學院（The House Of I），
決定將第31屆國際全人成長中心年會，
邀請到北京原鄉的土地上，
以5000畝的規模，
歡迎來自世界各地的全人成長機構、團體，與老師們，
以研討會、交流會的方式，
讓「全人」的概念在中國開始發芽成長——
這是全亞洲的第一站，也是全中國的第一次，
讓我們把邊界從「自己的小我」擴大到「集體的大我」，
把焦點從「自私利己」的目光如豆，

移向更高、更廣、更遠的「利他視野」！
正如大衛‧尼文所說的，
根本沒有國家這個玩意兒，
有的只是土地、河流、山丘和平原！

當每一個人都有「全人」意識，
瞭解自己是整體存在的一部分，
分歧與對立的線就會瞬間融解，
品德重新回到每一個人的心中，
大自然從人的剝削中恢復完整，
大家也就能享受「放大自己」為「全人」之後，
身為覺者的開闊與無盡豐足！

亞洲第一屆國際全人成長中心年會&世界同心全人成長交流會
2015年10月17日-25日
我們在北京原鄉等你回家！

　　這是我自己寫得非常開心的一篇文案，客戶非常喜歡，也是一次就提案通過的文案——只要文案通過自己的高水準，自然而然就能高空飛過客戶的標準線，所以這一篇幾乎沒有改動任何一個字，我念完了，案子也就提完了。平時大家可以練習如何創建一個有機的、禪意的生活？如何寫一篇身心靈相關的文案，然後納入你的文案靈感庫。

案例六：iRoo（依若服飾）品牌形象

寫一篇企業形象文案時，絕對不會只有一個企業的概念，它往往還要札根到它的每一個品項裡，特別是重要的品項。iRoo（依若服飾）當時請我幫他們寫品牌形象文案，給我看了所有的服裝、圖片、影像，這個品牌小 S 曾代言過，所以可以知道它是一個強調年輕個性的品牌，我大概可以描繪出這個品牌的風格：有設計感、有點變化，有點小小叛逆，有點個性、野性，甚至有點波西米亞風格，他們的服裝質地大膽用各種素材來混搭。

如果換成你要幫一個服裝品牌寫形象文案，你會怎麼寫？你可以先找幾個有興趣的品牌到他們店裡觀察，觀察他們設計師風格、服裝、空間、消費者等相關資料，練習把文案寫了；如果你是剛開始寫文案的人，正在找案子或找工作，你就可以把你寫的文案投給商家，或許你就可以接到他們的案子。

iRoo，是你最機靈的貼身私人衣櫃

你可能已經厭倦了你的身分、年齡、形象、國籍、居住地，iRoo把瞬間重生的魔法還給你。

厭倦了平常一成不變的生活工作狀態，但是可以選擇不同的衣服，讓你有一種變換身分的錯覺。

天鵝絨、印花雪紡與緞面，為你世襲了：
維多利亞宮廷的高貴血統，
這種經典一旦穿到你身上，

你就擁有了無人敢正面迎視的皇族氣質。

因為 iRoo 大膽用天鵝絨或是高檔緞面，穿上他們的衣服瞬間就有了霸氣、權力、貴族氣息，也突然有了自信——寫文案要先去找商品的組成素材，然後依照它的個性來寫，就像是編織，拿兩個以上不同的元素組成一幅美麗的圖案。

你想要隱遁的靈魂，
渴望流浪在吉卜賽鄉村、愛爾蘭、羅馬尼亞，
iRoo 給了你波西米亞的野性，
你的衣服大膽地混著異國的血，
你擁有了整隊馬戲團的創意活力，
你要自由，誰都綁你綁不住。
夢不會因長大而變老，在你的白日夢中，
永遠有片純淨的森林，一座幸福的城堡，
仙子如你，洋娃娃如你，穿著一襲春裝，
從油畫中走出來，走進人間春天的花園。

熱愛電子音樂的你，有時想當個搖滾歌手，
iRoo 能夠給你身體，極自由的換擋速度，
所有的亢奮節奏，都縫進你的好動腰線中。

喜歡這個品牌的愛用者，可以是很喜歡電子搖滾音樂的，穿著 iRoo 的衣服去參加電子搖滾 party，所有亢奮的節奏，都要縫進野性好動的腰線裡。衣服就是你身體的一部分，你好動，衣服也跟著你的節奏一起狂野。

在爭奇鬥妍的派對裡，你一身iRoo巨星晚禮服，

眾所矚目的驚豔，早已縫進多層次的曲線皺褶裡，

一夜之間成為時尚界的指標人物，你很難被忽略。

有了iRoo，你不只是你自己，你還可以變化出更多版本的你：

每個女人都擁有蛻變自己的特權，

極優的品質符合挑剔的你，周周新裝，

趕上你喜新厭舊的速度。

我把 iRoo 使用者那種善變、有點挑剔、還有點喜新厭舊的個性也寫進來，我既寫服裝也寫人，等於把脾氣、性格寫進服裝的縐摺裡，寫進文案的字裡行間。

iRoo是你最機靈的貼身私人衣櫃，

也是你的私人健康守護者，

未來這股風潮，將繼續蔓延到大陸、亞洲、美洲，

以及全地球。

服裝其實是很容易寫的，只要把自己放進消費者身體裡，然後去試穿這品牌的衣服，感覺你穿上之後你的個性、你的脾氣、你走路的樣子非常不一樣，這就是「附體式」的寫法。

案例七：《講義》雜誌

如何幫一個雜誌、網路平台、媒體、電視台寫形象文案？《講義》雜誌有點像是美國的《讀者文摘》，專門選一些好

的、雋永的文章來做為雜誌內容。當時《講義》請我寫形象文案，特別針對他們讀書會、讀者茶敘的文案時，我就必須要看一下雜誌，以及傾聽他們跟我描述讀者客層的相關資料。

《講義》針對退休的人不定期舉辦讀書會、茶會，或是登山會，因為退休的人時間比較多，會慢慢看一篇文章，有時候出來喝喝茶，聽聽演講，共同討論一本書或一篇文章，還可以約著一起去爬山……。平時練習思考：維持讀者社群可以辦哪些活動？他們對什麼有興趣？他們哪些時間有空？當他們有空的時候，他們想做什麼？

《講義》雜誌茶敘茶會文案：

真情煮沸，茶言觀色

以虛心的壺，滾燒百度的熱情，
先沖去茶葉和初見面的青澀，
再加一次熱水，
讓每位對《講義》的珍貴意見，
如同葉片般舒展開來；
融會一段時間後，
借著嚴格的期許，過濾餘渣和缺失……
茶，和諍言一樣，能明目、善思、去膩、清心，
得之則安，不得則病。

《講義》雜誌社長希望透過茶會，把他們忠誠的讀者匯聚起來，聽聽他們對於雜誌的意見，而這些諍言就像茶對人的功

效：清理眼睛、幫助思考、去掉油膩、清澈心靈，得之則安，不得則病……雜誌創辦人必須要聽讀者們的諫言，才能夠及時修正雜誌方向。

烹茶需甘泉，解文需善友……

煮茶的時候需要好水，你解讀一篇文章的時候，需要同樣水準的好友一起討論與解讀。

《講義》因茶而滿室生香，因您而改善更好，
春季讀者茶敘，
茶已備好，期待您的親臨指教！

如果要為茶寫文案，你會怎麼寫？你要先看主要對象是誰？是年輕人？中年人？還是老年人？你的寫法就完全不同。我之前寫過一個專欄，其中有一篇就是以茶為主題來寫的，這篇文章也收錄進《情欲料理》裡，標題是「以茶為戒：愛情的十大後遺症」，我是根據中華茶文化學會理事長寫的飲茶十大信條，以茶來比喻愛情的十大戒條：

以茶為戒，愛情的十大後遺症

（一）談戀愛像喝茶，飯前喝會刺激唾液，食不知味，甚至妨礙消化，影響飯後的養分吸收，人日形消瘦！

（二）含磷、鈣豐富的海鮮，讓茶裡的草酸根和鈣堆積成結石，不易排出體外，就像日積月累的心結，沉默久了就出問題。

（三）空腹飲茶就像為愛絕食般的愚蠢，冷寒傷胃，心悸發抖，人稱茶醉，小心你也一醉不醒。

（四）燙茶傷喉傷胃，過熱的愛情，傷心傷身！茶溫最好在50度。愛情適溫則是兩人的熱度除以二。

（五）冷茶像單戀，無香卻苦，氧化耗弱的現象造成身心負擔。心情長期滯寒更是侵肌砭骨，委靡不振。

（六）茶遇到水會起化合作用，如果以茶服藥會影響原本的藥效。愛情最好不要掛病號，沒有健康就無法天長地久。

（七）不要喝沖泡多次的茶，不談回鍋的戀愛。以免殆盡維生素C、氨基酸等一見鍾情的美好部分。

（八）不喝隔夜茶，一夜情到清晨就走才美，細菌滋生、糾葛不清的劣茶劣愛不宜久留，留來留去留成仇！

（九）不喝浸泡太久的茶，就像漫漫長夜的愛情，既無營養又不衛生。

（十）不喝濃茶，不談濃烈欲死的愛情，因為刺激過度，易興奮失眠、傷胃傷腎、百病叢生。

平常可以多收集像這種有趣的形式，無論是食譜、處方箋、廟裡籤詩、說明書、攻略手冊……都可以，這些形式透過轉換，會有很另類創意的效果。

案例八：加利利旅行社形象文案

在《14堂人生創意課》書中提到，我在畫自己人生藍圖時，我的核心專長是閱讀與寫作，所以文字是我的核心天賦，每個人的核心天賦周圍可以放自己的興趣或是專長，比方：文字加上廣告，就是廣告文案，文字加上旅行可以是旅行書，旅行書與廣告文案之間又可以生成第三個：就是為旅行社寫的廣告文案。

我是非常喜歡旅行的，一旦有旅行社找我寫文案，我會比不常去旅行的文案寫得更好、很生動，更傳神，是因為我有豐富的旅行經驗，就像是一個好的汽車文案，他如果不會開車，就很難寫出動人的廣告，所以做為廣告文案很好玩，它可以嘗試百種不同的身分、職業。有時候我覺得廣告文案就像演員，因為劇本不同所以嘗試不同的角色身分，廣告文案也因為商品的不同，必須變換不同的眼腦心神。

在講這篇加利利旅行社形象文案之前，我想講一個小故事：在這個案子之前，我經常收到很多人傳給我杜拜帆船酒店的照片，我覺得非常美，一個帆船似的建築就獨立在海中央，我一直很想去杜拜帆船酒店看看，一個浮在海中的飯店會是什麼樣子。

當時還沒有《秘密》這本書，也完全不知道什麼叫做「吸引力法則」，我只是把杜拜帆船酒店照片放在電腦桌面上，每天看著它，心想有一天一定要去裡面體驗一下，甚至我動用了想像力，在自己家裡虛擬走在帆船酒店的感覺，躺在床上睡

覺也想像自己就睡在帆船酒店裡……就這樣整整七天，一個很神奇的事情發生了：我突然收到來自於加利利旅行社的電子郵件，他們老闆看到我的文案作品集《誠品副作用》後，希望我能夠為他們寫一篇形象文案，當時我沒聽過這家旅行社，我點進去官網出現的照片，就是我電腦桌面上的那張，原來他們正是杜拜帆船酒店的台灣代理商。

於是我的夢想就被瞬間點燃了，我馬上回封信說：我很樂意幫你們寫形象文案，但你們主要商品是杜拜帆船酒店，我如果沒有住過，我怎麼幫你們寫？所以加利利老闆幫我安排了免費的杜拜／阿布達比七日行程，其中連續三個晚上都住在帆船酒店——我在《14堂人生創意課》系列書中用這個例子來解釋：如果你要動用吸引力法則，並不是一直盯著照片這個夢想就會成真，最重要的是你有沒有相對應的才華或專長可以跟人家交換這個夢想。也就是說，如果我沒有出版文案作品集，對方也找不到我來寫文案，我就沒有辦法去杜拜帆船酒店；當我的專長被別人看到時，同樣的高度與頻率，我就可以兌換到等值的夢想；等我從杜拜、阿布達比回來後，這篇文案客戶一次通過，我同時也寫了一本《14堂人生創意課2》，書中有一大篇章在講杜拜創意學：

旅行，是一種生命分配的藝術

一趟難得的人生，

應該分出十天在瑞士，

在英王愛德華七世曾愛戀過的

L'IMP RIALPALACE HOTEL，
依靠著阿爾卑斯山湖畔的琉璃意境中睡著。

應該分出七天在杜拜，
在望向阿拉伯海的七星級帆船酒店，
與情人共用三夜王儲之夢。
經驗此生無憾、羨煞全世界的幸福奢華。
應該分出十天在布拉格，
白天享受波西米亞的寫意縱情，
晚上選擇一個古老的身分，
參加中古世紀豪華的扮妝晚宴。

旅行，就是以獨特創意、絕佳勇氣，
把生命花在應該體驗的地方。
正因為生命如此珍貴，體驗如此難得，
加利利，將你的每次旅行，
都當成是你這輩子首次的唯一經驗，
依照你目前生命階段與步調，
量身設計出符合你需求的旅行方式：
幫你規劃在法蘭克福羅曼蒂克大道上的早晨，
東非馬賽馬拉草原上的午後時光，
在紐西蘭俯瞰坎特伯雷平原的古堡之夜……
讓你擁有說也說不完，
比電影更真、比夢更美的興奮情節。
不再讓你只帶回一疊與別人大同小異的觀光照片，
更不讓劣質旅行的掃興抱怨，毀了你對一個國家難得的體驗，

我們找的是生命旅行家，而不是到此一遊的觀光客。

加利利，用心規劃每趟旅行的完美記憶：

首創第一家以完美時間學、規劃主題式體驗的旅行社，

將每分每秒都設想進來，讓你享受全程完美的淋漓盡致。

人一生把時間分配在哪些地方，這是一種藝術，也代表著你的生命將呈現出怎樣的樣貌，所以我才寫出《旅行是一種生命分配的藝術》：你的早餐、午餐、晚餐在不同國家，有的時候在草原，有的時候在古堡，有的時候在山頂，有的時候在海邊……所以我要強調的是：好的旅行社會幫你規劃生命時間，而不是只帶你走馬看花、趕行程而已。

文案提到的地點都是加利利旅行社帶團的地方，包括杜拜帆船酒店，所以當我真的住進帆船酒店，躺在彷彿浮在雲上般舒服的床，瞬間就沒有夢想了，因為我已經躺進夢想裡，跟夢想合一，所以才寫出：「經驗此生無憾、羨煞全世界的幸福奢華。」當我在寫這篇文案時，我旅行過的記憶浮出腦海，有點像是剪輯我人生的五分鐘微電影。

「不讓劣質旅行的掃興抱怨，毀了你對一個國家難得的體驗。」這段是我自己親身經驗，有時候我不小心參加一些很糟的旅行社，就帶著我們去 shopping，然後拍拍照，有時候隨便講解，甚至沒有講解，那真的還不如在家裡看旅遊探險頻道，後來我就特別挑旅行社的品質，堅持要找一個好的專業導遊，或是專家來講解建築或藝術，否則等於浪費時間，所以我在文案中強調加利利旅行社找的是生命旅行家，而不是觀光

客，意味著好的旅行社也挑好的旅行者——我想像自己就是旅行社的老闆，我會怎麼用心的規劃以及經營這家旅行社。

後來寫完這篇文案之後沒多久我就開始自己帶團，原因是我沒辦法走人家固定的行程，我想自己設計一些不是那麼熱門、但是很獨特的行程，我自己也像是個小旅行社，總共帶了31團，我從文案變成為旅行社寫的文案，然後演變成寫旅行書，再加上帶團……這就是天賦開花的方法。

在此分享我收集別人寫的好文案：〈Nissan：跨世紀的車藝復興〉，文案繞著旅行的概念寫的，訴求 Nissan 車駕駛者要有旅行的世界觀：

想像在世界的彼端，有人過著跟你完全不同的生活！

塞納河畔，為什麼總是那麼多漫步與閱讀的人們？翡冷翠的教堂前，為什麼總是那麼多畫畫與吟唱的人們？

當人們疲憊玩著競速遊戲時，為什麼有人選擇穿著華服參加化妝舞會？當我們匆忙地翻閱每天的報紙時，為什麼有人能夠坐在精緻的老式咖啡屋裡，悠閒地看報漫談？生命追求該是什麼？一個顯赫的職稱、一份驕傲，或者我們只是渴望一份屬於自己的生活步調?願Nissan陪你一起在忙碌的城市中，找到屬於自己的生活。

你可以開始衍生自己的旅行世界觀，這是帶領客戶、消費者換個視角與世界相處的方法。

案例九：熊婚禮拍攝工作室形象文案

鏡頭下每一個儀式細節，都在以愛創世紀

宇宙原為混沌空虛，神說要有光，然後就有了光，
然後創出了空氣、海、大地、蔬果、
飛禽魚類走獸、節令、年歲、眾星，
還有一男一女。
整個神聖的創造過程都被記錄下來，
流傳至今。

為什麼一開始用創世紀的方式來寫熊婚禮攝影拍攝工作室的形象文案？因為很多人的婚禮在教堂舉辦，所以它結婚可以寫得很有宗教性或是很神聖性，就相當於亞當與夏娃回到宇宙的原初，一男一女最早的愛的形式。

接下來，這一男一女繼續以愛繁衍奇蹟，
選一個特定的時空，舉行他們的結婚儀典：
初識激愛的光譜、熱戀甜蜜的色溫、雙入雙出的剪影、
專情彼此的焦距、互許誓言的快門、簡單生活的景深，
這是一場羅蘭‧巴特戀人絮語的婚宴，
每一個儀式細節，都在創世紀。

接著，在兩人的居所，
開始創造屬於他們的陽光、空氣、花和水，
或許有了孩子，或許有了盆栽、寵物、魚缸，
他們從此有了自己的喜好、自己的生態、

自己的紀元、自己的編年史、自己的節令年歲，
有了共同的家族血源、奮鬥目標、愛與生命話題。

在兩人重要的創造歷程上，需要一位如神視野般的導演，
近距離陪著一起寫下這獨一無二、令人驚歎的所有發生，
需要一個對人洞察入微的攝影師，
以深邃的鏡頭，紀錄正在以愛繁衍的美麗歷史。

它不僅是一個拍攝婚禮的公司，同時也見證了自從在一起之後每個生命階段的共同經驗，比方婚宴、結婚周年慶、他們將來會帶著孩子們來拍家族合照……平時可以練習以結婚、婚宴、婚紗照為主題的文案，納入你的文案靈感庫中。

案例十：誠品6月的結婚書展

關於結婚這個主題，我寫過誠品 6 月結婚書展，就是當時陳列的書都跟結婚有關，呼應六月新娘的話題。

買書為聘，以書陪嫁

縱使有越來越多人追逐一夜春宵，
我們仍選擇一輩子居家的愛情。

縱使有越來越多人從婚姻出走，
我們仍選擇了結婚的溫暖信守。

在這個不喜承諾、變心頻傳的時代，
我們的誓言彌足珍貴。

6月14日，誠品書店6月結婚書展，

全面打點好您結婚的行頭，

以書的盛大排場，見證您一生的婚禮。

也因為寫了這篇結婚書展文案，我用同一個靈感水源寫了婚宴食譜，後來收錄進《情欲料理》裡：

關於婚宴，另一種最口欲的書寫形式

把一個愛情的蛋黃打在半品脫的清水裡，

溶入兩磅的黏膩焦糖，

加熱糖漿，開始沸騰時就加一點生活的冷水，

就這樣連續沸騰三次，

然後把糖漿從現實的爐子上端下來，

讓激情靜置一會兒，

再把幻滅的泡沫抹去，

加入午後的桔皮、大茴和丁香浪漫調情，

文火直到它充分入味的階段，

最後用鍋子上的亞麻布濾出耐久的相處餘韻——

6月，盛夏盛情，

我們將成為夫妻，期待您的祝福。

我想分享另一篇中興百貨以結婚為主題的廣告，這篇是劉志榮寫的，他以花、鑽石、煙火、星座拿來做為區隔戀愛與結婚的不同的標記符號，文案分成結婚進行曲第一、二、三篇章：

結婚進行曲第一篇章

叛逆是戀愛，命中注定是結婚，
望春風是戀愛，青蚵嫂是結婚，
前衛是戀愛，傳統是結婚，
菊豆是戀愛，油麻菜籽是結婚，
不論年代，
戀愛是一回事，結婚是另外一回事。

結婚進行曲第二篇章

玫瑰是戀愛，百合是結婚，
激情是戀愛，愛情是結婚，
煙火是戀愛，鑽石是結婚，
雙魚座是戀愛，巨蟹座是結婚。

結婚進行曲第三篇章

提款卡是戀愛，儲金簿是結婚。
發明家是戀愛，哲學家是結婚。
感性大於理性是戀愛，理性大於感性是結婚。
選擇題是戀愛，是非題是結婚。
不論年代，
戀愛是一回事，結婚是另外一回事。

關於結婚，你可以開始收集喜帖、情詩、小說……比方《小王子》就是愛情與婚姻的參考文本，他最經典的一句話就是：「你為你的玫瑰所花的時間，使你的玫瑰花變得那麼重要」，用這段來描述婚姻也非常棒，進入婚姻彼此所付出的時間，讓彼此變得特別珍貴。

　　另外我想推薦一個寫情詩的高手札西拉姆‧多多，她的情詩寫得非常好：

　　你見或者不見我，我就在那裡，不悲不喜。
　　你念或者不念我，情就在那裡，不來不去。
　　你愛或者不愛我，愛就在那裡，不增不減。
　　你跟或者不跟我，我的手就在你手裡，不捨不棄。
　　來我懷裡，或者讓我住進你心裡。
　　默然相愛，寂靜歡喜。

　　札西拉姆‧多多的詩文都是必讀的，有意境也很有味道，有助於在寫情詩或是與感情相關的文案時有很大的啟發。我還想推薦《親愛的，這是寫給你的》，裡面有很多配合攝影作品寫的短句都很精采，其中有一篇〈勿做清單〉：「**我有一百萬件重要的事要做，但沒有一件比現在躺在你身邊重要。**」這也是一句很適合描述關於結婚、戀愛主題的文案。此書還有一句「**這個世界讓我冷卻下來，而你讓我變成了水，有一天我們都會變成雲。**」這麼短短三句話就把愛的形式講得非常深情，或許我們在現實生活中感到心寒，但是因為愛才讓我變成了水，總有一天我們會一起升天合為雲朵，這是我的詮釋。

我還推薦詩人陳繁齊，他有一本詩集《下雨的人》，裡面有很多與感情有關的詩句，很適合放在結婚相關的文案中：

如果你決定要來了，請記得不斷猜測命運，
不要由他來給你答案。
如果你決定要來找我了，就請你帶著足夠愛我的容器，
好讓我把餘生的溫柔都盛給你。

此外，我也很喜歡余秀華的《搖搖晃晃的人間》，她的詩句很有視覺感，也是文案必讀的作品之一：

當我們說到愛，說到相見，
彷彿大地給了我們容身之所，
不斷靠近的星群，頭頂上的流水之聲，
甚至會用到了秋天莊園裡的花朵。

案例十一：統一飲冰室茶集形象與包裝文案

統一企業旗下的「飲冰室茶集」單價相較於其他品牌算是貴的，在便利商店裡屬於比較高檔的茶飲。當我接手的時候，我必須要承繼沿用多年：「以詩歌與春光佐茶，飲冰室茶集」這個標語，來幫他們完成放在官網上的藝文館品牌形象故事：

今天如詩般的初體驗，從你手上的第一頁飲冰室茶集開始！

我不會說「你從手上的『第一罐』飲冰室茶集開始」，我會說「第一頁」，就像是你翻開一本書那樣的感覺。

這個時代需要詩人，因為我們需要藉著他們既銳利又詩意的雙眼，找出躲在平凡世界背後，那個璀璨耀眼的獨特光芒。於是我們成立藝文館，把詩人的沙龍搬進你手上的飲冰室，讓你以大夢初醒的品茶感官，悟出剛摘下來、最新鮮的詩。

整個靈魂之旅，是從你聞到的第一口茶香開始──詩就這樣從詩人的心，透進了你的味蕾，滋潤了你的身體流域；自此之後，你也有一雙極美的詩眸，身邊的人不一樣了，整個世界都不一樣了。我們養茶，也養詩人。詩是靈魂，茶是觸媒，我們正醞釀著最有詩興的茶，無論是紅茶、綠茶、烏龍茶、抹茶……它們就像是植物界的濟慈、泰戈爾、李清照、徐志摩……

我們想要喚醒每個人身上，那個沉睡已久、古老的詩意靈魂。

飲冰室開始尋覓躲在各行各業裡的隱性詩人，大家以為他們是小說家、歌手、音樂創作人、廣告文案……其實他們裡面都躲著一個詩人。

過去幾十年，他們總是千方百計，趁大家都不注意時，把詩偷偷藏進：傳閱的故事裡、傳誦的歌詞中、傳播的廣告文案內。現在，他們都一一現身了，站在飲冰室的舞台上，公然寫詩。

以詩歌與春光佐茶，這不只是一句廣告語，而是一個詩意復興的運動──每分每秒如詩字句般的濃烈激情，從你今天的第一頁飲冰室茶集開始。

我用他們的四個品項，對應四位詩人。

因為我自己就是其中一個很想寫詩的人，為了生活就跑去做廣告，但是我帶著寫詩的心情來寫文案。很多作詞者也是，像方文山，他就是一個詩人，但是他躲在作詞人的身分裡。後來我也以文案與作家的雙重身分，在飲冰室茶集包裝正面上寫文案，同時也在側面寫詩。如果廠商能夠在包裝上寫一段很棒的文案，並且有很美的設計，大家在使用完商品後會留下包裝盒袋，這樣可以延續這個品牌在消費者的生活裡，甚至如果他帶出門分享給別人看，它就變成了另外一種廣告。

所以我幫四個口味的茶寫了四段短文，要寫得像詩，又要承載介紹茶口味的功能，所以我必須要去研究這四個品類是怎麼製茶的？這四個口味有什麼不同？特別是與別家有什麼樣的不同？我讀這些資料後再把它轉譯成短詩文，也就是他們的包裝文案：

飲冰室茶集包裝文案

綠・奶茶

茉莉與茶葉層層交疊七小時，讓花的靈魂完全滲透進茶的身體裡。風乾所有的濃醇香氣，再以奶香特調出無法忘情的滑順口感，讓鮮茶在味蕾上開出茉莉的芬芳。聖潔的綠茶，熱烈的茉莉，調理幾下，就變得理想化了。

——以詩歌與春光佐茶，飲冰室茶集

烏龍‧奶茶

精選台灣烏龍，自80℃起經五次增溫達130℃。五段文火烘焙22小時，讓慢火炭焙出茶溫厚的香氣，讓口味刁鑽的你，喝出精火與山茶交鋒後的超凡氣勢。氣息徘徊在夢與現實之間，請珍重這一卷炭焙茶香。

——以詩歌與春光佐茶，飲冰室茶集

這裡面提到包括幾度、幾小時，都是根據它的製程資料而來。

奶霜‧紅奶茶

製程精緻的功夫紅茶，依茶葉狀態調整揉捏程度。封住底蘊深厚、色澤紅亮的茶汁、一瀉千里的香醇全鎖進一隻盒中，奢侈的霜紅醉意，在雲裡也在雲外。在霜紅與奶白之間，一出手，香氣撐得像4月那樣遠。

——以詩歌與春光佐茶，飲冰室茶集

這段文案我把香氣形容像撐船一樣，因為4月也是一個划船賞花的季節。

抹茶‧奶茶

日本藪北種春摘綠葉，5℃以下沉潛出甘甜。慢時工藝琢磨成細緻吐納的抹茶。最高禪意的翠綠，被生命力極強的乳香瞬間喚醒了。

——以詩歌與春光佐茶，飲冰室茶集

以上就是我為四款飲冰室茶集寫的包裝文案。包裝文案是很重要的，就像是一個人的名字，一個人的臉。在他們包裝的四個面上，主要的那一面是放我寫的文案，另一面他們邀請詩人作家來寫詩，放在這個茶品的包裝側面，這一面他們稱做「紙上的飲冰室茶集藝文館」，你可以一邊喝茶，一邊欣賞盒外這首詩。當時找了台灣許多詩人、作詞人、作家、小說家等等，當時我也受邀寫了兩篇放在「紙上藝文館」，當時的主題是愛情。第一篇是〈25℃的熱帶邂逅〉，這段也是我從自己寫的情書體小說《愛欲修道院》裡摘出來的。

第一篇：25℃的熱帶邂逅

我們身在亞馬遜叢林之中，
我看得見你，
你在葉隙中、在晨霧之後，
我在河上。
我聽到遠方有人擊鼓，
有人生火，有人汲水，
更遠的地方有鳥，美好一對。
你離我很近，我聽得到你的呼吸。
我聽到你正好奇，
正在找我，
正在靈魂的赤道上，
等著清涼狂歡的各種可能。

第二篇：愛上你是我的天賦特權，不需要經過你的同意

我之所以特別，因為這個世界上只有我能愛你愛得不慌不忙。
我們之間沒有過去，也沒有未來，
我可以很單純地愛你、感覺你，
不去思考你、度量你、定義你、推論你、
期待你、規劃你、打擾你，
不必在你身上投射我有限的夢，有條件的愛，
就像盲人把彩券賣給盲目相信概率的人，
我們之間最不需要的就是清醒。

感覺是詩人的品質，思考是科學家的事。
即使相隔萬里，時差六小時，但我們的靈魂從未分離，
連想像共枕擁抱、向未來做夢都不需要了，
所有的追逐、等待、創造都可以停止，
我們已經活在彼此之內，
可以一同溺死在映照出對方的眼眸之中，
也可以在急促的呼吸中再度復活，
我們已經是一體，
彷彿自戀般地天經地義。

這一段是從我生活感悟的日記中找出來的。我的生活創作，同時也是我文案的養分，而當我在寫文案的時候，它又變回我文學創作時的靈感——文案與創作根本沒辦法分開，因為這是同一種靈感創作水源。

案例十二：CNEX紀錄片基金會形象與第一屆主題活動

　　我們往往看不到第一現場，透過紀錄片可以更接近真實，來瞭解世界上各地發生的事情。CNEX是一家專門拍攝紀錄片、並籌辦影展的基金會，每一年都有主題徵集紀錄片的計畫，給予資金上的支持來協助完成。幫CNEX寫文案，也等於為基金會定位，所以我當時寫了一個很霸氣的標題，希望能夠找到最優秀的紀錄片創作者，把作品投放給他們：

如果你的作品還沒進CNEX，表示你還沒被全世界看到！

> 下一秒，永遠像負片一樣未開發，
> 可以去活，可以去死，只要我們願意去談它。
>
> 時代跑在前方，和無盡的求知欲一樣大，
> 所有人在運鏡中穿越理想的藍圖，
> 每一片刻，都被銳利的鏡頭瞬間化為歷史，
> 留在我們身後的採集籃裡。

紀錄片的鏡頭永遠緊抓著人的腳步、人的呼吸、人的故事，影像只要被抓到，它就是可被看到的歷史，這是我對於紀錄片的一個詮釋，講的是影像、記錄與人的關係。

> 把人性投射在大螢幕的衝動，對永恆幾乎絕望般的渴望，
> 所有因人而起的傲慢與抒情，鏡頭都將從這裡進入。

透過紀錄片的鏡頭把人性刻劃下來，並投放到大銀幕上，而且我們可以想像，劇院銀幕裡面的人，都比現實中還要大，所以我們更能夠看到人性的細節。

原始竟是如此的美好，手上的這卷影片，就是證據。

這就是用來區隔電影與紀錄片的不同。紀錄片是接近生命的原始，它本身就是一種很棒的形式。

協和客機把整個大西洋都刪除了，
CNEX卻恢復了整片太平洋，
以原創性最高的初生影像，重新連結全亞洲的華人。

我用這個來表達 CNEX 主要在收集華人區各國家的影像故事，所以才寫 CNEX 恢復了整個太平洋，連接了所有的華人。

精神與物質、東方與西方、城市與鄉村、
男人與女人、老人與小孩、富人與窮人，
都有了端詳彼此、劇烈交換生命視點的溝通平台。

紀錄片拍攝的對象，橫跨所有的性別、年齡、東方、西方，或是城鄉差距不同、經濟狀況，都在紀錄片的範圍裡，也正因為有這樣子的平台，所以每個人都可以站在自己的視點端看對方，成為交換生命、身分視點的重要管道。

所有尚未被記錄，但終被矚目的人，
所有尚未被看到，但已經發生的事，
都會被CNEX找到。
如果你的作品還沒進CNEX，表示你還沒被全世界看到！
這是一個主題式的影像實驗室，也是進行式的對話殿堂，
每一寸思維，都在時序中留下了探索的軌跡，
每一筆夢想，都在空曠處留下了自由的塗鴉，

每一部影像，都在發言台留下了精采的表達，
每一種文化，都在螢幕中留下了經典的例證。

我以對稱的句子，把思維、夢想、影像、文化這四個概念來描述創作的軌跡、塗鴉、表達、案例，在寫這四句話的時候要特別注意幾個細節，比方每一寸、每一筆、每一部、每一種，儘量讓前面三個字不要重複。我有一個「尺度」靈感表，就是我如何形容東西、思維、夢想、影像，文化……它會有所謂的尺度單位，例如：每一寸、每一筆、每一步、每一種……這些平常一想到就要隨手記入靈感筆記本中。

全球視野，在地行動，
Connecting Next, Collecting Next, Creating Next,
新鮮的人類影像檔史正在募集，
CNEX，已經誕生！

CNEX 開眼見錢主題徵件：

有一年 CNEX 舉辦「錢」的主題徵件活動，他們想要收集與錢有關的優秀紀錄片，他們當時給我的主題是「開眼見錢」，所以我得要去找「錢」相關的資料文獻書籍，比方《有錢人想的和你不一樣》、《富裕屬於口袋裝滿快樂的人》、《財富的吸引力法則》、《你值得過更好的生活》、《創造金錢》、《財富之城》、《心靈貨幣的力量》、《錢買不到的東西》、《猶太人的金錢與智慧》、《金錢的靈魂》、《錢教會我的真理》、《失落的致富經典》等等，這些都是我在寫文案

之前翻閱、且收集在「金錢與財富」書櫃的書，我也看了很多金錢相關的電影：《華爾街之狼》、《大亨小傳》、《錢力遊戲》、《阿拉丁》……寫一篇文案就要把那個領域盡所能地讀遍所有資料、看遍所有影片，在很短時間之內你一定來不及，這就是為什麼平常要有大量閱讀與看電影的習慣：這就是「養兵千日，用在一時。」

開眼・見錢

誰給錢？誰收錢？誰有錢？誰沒錢？

誰存錢？誰花錢？誰捐錢？誰騙錢？誰分錢？誰搶錢？

我用一連串三字短句來表達人與錢的關係。

錢不只是人與人之間財富的流通工具，

也是權力的交換、愛情的承諾、美麗的資本、自由的代價、

幸福的指數、成敗的關鍵、自尊的強弱、未來的保證。

在我大量看金錢的書籍、影片，以及相關的資料報導後，瀏覽金錢在每一個人心目中，代表著哪些意思：有人認為金錢代表自尊與權力、有人認為金錢代表愛情與幸福、有人認為金錢代表了自由與未來……因為我寫了這段文案後，我開始研究「金錢」，不是理財的那種，而是我想搞懂金錢的本質是什麼？金錢在人生的遊戲場裡面，扮演什麼樣的角色？這就是我後來舉辦「金錢天賦」講座與網路課[註5]的教材──如果每一次寫新類型的文案，就盡可能很用功的去讀通那個領域的知識智慧，那麼這篇文案就像是一把鑰匙，它會為你開啟了一扇門、打開另一條路、另一個平行身分、一個全新未知的世界。

錢在凡塵裡流通，就像血液在身體裡流動，
順暢就能神氣活現，阻塞了就百病叢生。
所有悲歡離合的起因都不在金錢本身，
而是人對於錢的貪捨態度。

20年之間，錢的來源從「省來的」「賺來的」到「借來的」，
財富的用途從「用來存的」「用來還的」到「用來花的」。

因為時間的推演，時代的不同，人們對錢的態度、用法，以及
錢的功能就完全不同了。

錢因人心的明暗，
輻射出「創意多產的富足天堂」與「紙醉金迷的欲望深淵」，
交織成形形色色的人生百態。

賺錢，為了何人？花錢，為了何物？
缺錢，又是為了何事？
讓我們一起向$看，
以文字、圖片、影像、論述，
思考錢的價值、觀察錢的曲線、追蹤錢的流向、
募集錢的世界，記錄錢的傳奇……
CNEX正在記錄，每分每秒值得大口活的日子。
CNEX正在找，讓全球華人在沙發上同時感動的力量！

這篇對我來說是一篇很重要的文案，它開啟了我去研究錢
的哲學意義之門。平時你可以「錢」為主題來練習寫文案，無

論是品牌、商品、空間、服務、銀行、理財網路……都可以，這就是靈感資料庫的水源之一。

註5：李欣頻的金錢天賦相關課程內容已收錄進2018天賦網路課、2019天命網路課，報名請洽百頤堂15073166476@qq.com並副本到leewriter1010@gmail.com。

案例十三：華碩電腦形象文案

　　這個案例想鎖定的主題是「科技、電腦」，如果你要為電腦、互聯網平台，或是某個科技或科技藝術相關的活動寫文案的話，你會怎麼寫？平時可以大量地收集關於電腦、科技、手機、AI、或是智慧產品的相關資料與影片，例如：國家地理頻道《悠悠千萬年》，或是與星際、奇幻相關的電影，都是文案創意的高單位養分。

　　華碩電腦找我寫形象文案時，我必須要思考電腦與人的關係是什麼：我把電腦定位成跟著我們一起生活的伴侶、一起旅行的靈魂伴侶——當年我在念新聞與傳播博士班時，讀了許多關於媒體、媒介與人關係的書，麥克魯漢的名言被我記入靈感記事本中，在多年後此篇文案一開頭就引用上了，瞬間把這篇文案的格局拉到最大，也就是說我現在寫的不是一台電腦，我寫的是人機共構的介面，只要把文案幅員拉大，接下來鋪陳的文案才有各式各樣的靈感出口。

華碩與我的全世界

麥克魯漢說，只要將人的身體或感官加以延伸，
都是媒體，從衣服到電腦都是。

我手上這台不到一公斤的華碩電腦，
是陪著我一起延伸感官、冒險體驗世界的好旅伴。

我帶著她到印度恆河、泰姬·瑪哈陵，寫下了思念的情書，
連同我穿印度紗麗的自拍照片，傳給我的男友。

我帶著她去威尼斯看嘉年華會，
整個聖馬可廣場上千張美麗的面容，
在她懷裡擺成了一列華麗展覽館。

我帶著她到希臘聖特里尼島，
把愛琴海上的藍色海風和金色夕陽，
都移進了我看電腦的視線中。
我帶著她去挪威峽灣的日不落景，
把在芬蘭拍到的聖誕老公公與麋鹿，
做成了耶誕節的電子賀卡，寄給了我在巴黎的好友。

我帶著她到西藏拉薩，
陪我爬到了海拔3700多米的布達拉宮，
當我高山症住進西藏拉薩人民醫院時，
她也徹夜陪我在急診室裡解悶。

我帶著她到東非馬賽馬拉草原看動物大遷徙，

把數位相機裡的

獅群、斑馬、獵豹、河馬、長頸鹿、大象……

——請上來,她瞬間變成了一艘:乘載萬獸的諾亞方舟。

這一段都是以我個人的旅行經驗,然後置入「電腦」在我旅程中所扮演的角色,比方當我寫情書的時候,是透過它發送給對方的;當我在行程中攝影,也是這台電腦幫我存下所有的照片;當我無聊時,我也是透過它在看資訊新聞來解悶……電腦裡有在東非拍的許多動物照片,所以我可以視覺想像:所有的動物都走進了我的電腦,它瞬間就變成了一艘諾亞方舟——把手上要寫的商品、空間、服務變成劇場的舞台、道具或是主配角,這樣就能寫得栩栩如生,這就是「劇場式」文案的寫法。

她很輕,完全不會讓我的旅行增加太重的負擔。
她很博學,無論我在生活上想知道什麼,
她總是第一時間幫我解惑。
她很善於交際,無論我在挪威的北極圈,或是肯亞的赤道,
我都可以上網與朋友分享我的興奮。

她很善解人意,
當我低潮沮喪,找不到人訴苦時,我總會把心事告訴她,
她很有耐心地收著我一篇篇的電子日記,而且還幫我保密。
我完全無法想像沒有她的日子。

我強調的是它的輕,不會太重,不會增加我的負擔,我也把它擬人化成我的閨蜜,透過電腦寫進日記裡的秘密,只有我與我的電腦才知道。

案例十四：科技藝術節

　　第三屆科技藝術節請我幫他們寫形象文案，因為之前寫過不少與科技有關的文案，所以在寫的時候就比較容易上手。科技與藝術看起來好像是對立名詞，但它本質上你可以找到共同的核心點：科技是硬體、是左腦，藝術是軟體、是右腦，它們必須整合，彼此缺一不可。我的標題特別把它寫成「科技打造藝術部落」，就是想呈現硬體、軟體合一的概念。整篇文案我強調的概念是：如果過去知名的藝術家，活在現在這個時代，科技網路會讓他們活得比以前更好，他們會有多麼不一樣？如果梵谷活在現在的網路時代，他的作品可以衍生出很多周邊商品，而且透過網路很多人都會知道他，他就不會落魄而死，這是我寫這篇文案的主要概念精神。

1999・科技打造藝術部落

米開朗基羅利用動畫技術，
把大衛變成比李奧納多還紅的男主角。
莫內被迪士尼延攬為藝術總監，
他的光影技術動輒百萬元美金，以秒計費。
梵谷學會了電腦繪圖後，
他的作品因荷蘭信用卡的超大看板而身價暴漲。

　　如果這些藝術家能夠活到現在，就不必只透過賣畫來活，他們可以透過藝術授權，把畫給信用卡當封面、做為禮盒的封面，或是做成像 LV 名畫包……龐大的收益能讓他們不用擔心生計而可以專心創作。

達利做的超現實互動式網站，虛擬實境特效十足，
廣告收益還超過了Yahoo。
約翰藍儂運用了電子和音技術，
唱片銷量超過了小室哲哉。
畢卡索因杯墊、領帶、月曆、記事本等周邊收益不斷，
他的名字比巴菲特還值錢。

我們可以想一下，過去哪些有才華的藝術家生活很艱苦？比方像高更，不僅為五斗米折腰，他也得到港口去當搬運工人，他如果能活到現在這時代，他的畫可以變成衣服鞋子、LV 包包或行李箱、建築外牆、絲巾圍巾……他或許就有更多的時間畫出更多的作品。

藝術因科技的無遠弗屆而身價百倍，
科技因藝術的經典價值深入人心。

也就是說，如果只有科技，沒有藝術，我們會活得太膚淺，沒有深度，只有速度。

第三屆科技藝術節，
讓左腦的理性技術，畫出右腦的感性版圖，
以電腦實驗創意的無限。
科技與藝術的聯姻，讓我們的未來更有趣。

跨時空來看科技對藝術的重要性——平常可以做這樣的練習，比方我們去美術館、博物館、藝術展覽或者是畫廊，我們把自己還原成藝術家，看他們從無到有、從抽象的靈感到實際的作

品，如何形成一幅繪畫、一座雕刻、或是一件作品。再換個身分來想，如果你是這些藝術家的網路平台經紀人，你要如何讓他們的作品有更多進入大家生活的機會以及商業化的可能性，但又不會打擾到他的創作或者是改變他的藝術風格？

我們現在活在「自媒體」時代，我們既是藝術家也是經紀人，因為接下來要進入 AR、VR 虛實共構的生活介面，你的想像力、創造力才能提供 AR、VR 內容，這是 AI 人工智慧機器人做不到的「藝術創意生命力」境界，這才是未來時代不敗的能力。平時可以選科技智慧相關的商品、空間、服務或是活動，任選一個來練習寫文案。

案例十五：現代傳播10本雜誌形象文案

我接過最大規模的是現代傳播集團旗下的 10 本雜誌形象文案，這對我來說是很大的挑戰，因為必須要維持同一集團的調性，但又得寫出各本不同的文案訴求。這十本雜誌橫跨了女性、時尚、財經、文化、藝術、生活……各個類別，包括《優家》、《週末畫報》、《iWeekly》、《商業週刊》、《生活雜誌》、《藝術界》、《樂活》、《新視線》、《大都市》、《號外》這十本雜誌，這十篇已全收錄進 2018、2019 版的《廣告副作用》，在這裡選幾篇來講解背後的思維：

《周末畫報》形象文案

　　每七天就是一個全新的時代，
　　每一頁都是中國的現在未來式！

周末畫報，呈現最新鮮的流行趨勢、生活情報，每七天就換了
一個新的時代，每一頁都在進行著，現在未來史。

　　這個世界變化太快，
　　很多東西還來不及命名，
　　每七天就是一個全新的時代，
　　每一頁都是中國的現在未來式！
　　沒有經緯度的隔閡，沒有時差的框限，
　　台北、東京、倫敦、米蘭、巴黎、紐約、墨爾本⋯⋯
　　近到就在前後兩頁，一翻頁就跨到了南半球！

一本雜誌，橫跨了各個城市、各個經緯度，所有的資訊在這裡
完全沒有界限。周末畫報的新聞、生活、城市、財富，這四個
大主題，用四個東西來代表：望遠鏡、透視鏡、廣角鏡、放
大鏡：

　　「新聞」是望遠鏡，從歐美到中東，帶你目睹第一現場。
　　「生活」是透視鏡，從宮廷宴到法國菜，邀你享樂當下。
　　「城市」是廣角鏡，從上海到台北，隨你轉機過境場景。
　　「財富」是放大鏡，從黃金到外幣，都是手中無限籌碼。
　　這不只是一本有角度、態度、深度，
　　而且還是最有速度的菁英讀本！

我還特別做了一個疊詞的設計，就是把角度、態度、深度、速度來做一連串的陳述。

> 來不及預言的國際政經動向、剛捕捉到的東西文化風潮、
> 關於全球變局的蛛絲馬跡、人與物的最新情感⋯⋯
> 我們都以第一手採集情報，交到每一位意見領袖的眼前！

周末畫報的形象文案，強調它的現在未來式的跨國界快速情報，與它獨特的角度。

《新視線》形象文案

> 當你有了《新視線》，所有的舊勢力都會知難而退！

《新視線》有很強的視覺風格，以及獨特觀點的雜誌。當我們有了新視線、新觀點、舊概念、舊系統、舊思維、舊勢力都會知難而退，也代表《新視線》的讀者們有一種同步更新風潮的能力。

> 波西米亞頹廢與布爾喬亞的奢華，
> 嬉皮的搖滾與雅痞的時尚，
> 就在左頁右頁，
> 既不顛覆也不和解。

強調這本雜誌的包容性，它可以同時包容頹廢與奢華、搖滾與時尚、經典與另類，而且有時候它就放在左頁右頁，它沒有想要說服誰，也不和解，就是彼此並列對話。

憤怒與狂喜就在同一篇文章的情緒裡，
你可以恨意與快感讀這本雜誌：
從電音派對到隈研吾的夢想竹屋、從龐克鉚釘到皇室珠寶，
精神錯亂的創意，永遠脫離地球運行軌道，
最反骨的時尚，只挺另類的義氣，
你的離經叛道總是撞到別人的目光！

這本雜誌的讀者有反叛或是另類的血統，他們不在乎別人的眼光，而且常常是出離主流軌道，他們可以很有個性地讀它，所以我寫：你的離經叛道總是撞到別人的目光。

前衛設計依荷爾蒙隨意轉向，永遠停不下來，
創意江湖的底線朝令夕改，迷離又獨特，
視覺系的末日奢華，比菁英更理性，比禪師更神秘，
以藝術質疑一切勇氣，
你必須冒險地讀，因為它一直挑戰你的禁忌。
這本雜誌不停地顛覆你的想像、你的界限，
也在挑戰你的禁忌。
現實是一連串不停翻頁的超現實幻覺，
當你有了《新視線》，
所有的舊勢力都會知難而退！

一連串不停翻頁的超現實幻覺，全變成了雜誌的現實，用這幾句文案來強調現實與超現實的轉移變換！

《號外》雜誌形象文案

大家對《號外》都不陌生，因為它開本大如海報，裡面常有一些新的情報，很好看。

在擁擠的現實與天馬行空的烏托邦之間，就是《號外》

這句標題很清楚地表達，它既能寫實，也夠超現實，記錄真實卻又能夠揮灑夢想的一本雜誌。

這個時代不能沒有《號外》。
每一處被感動的地方都經典，
美味透進了味蕾，巧思滋潤了身體流域，
你以好奇心翻頁，刷新了自己的夢想速度。

《號外》的美食專欄或是報導很厲害，不只是介紹店面，還呈現出獨特的食材個性、獨家料理的觀點，你只要以好奇心翻頁，就會刷新自己的夢想速度，意味著這本雜誌它的更新速度很快。

香港很小，
像是多面體的鑽石，
全世界的樣貌都映在上面。
高壓城市下的節奏明快，沒有一頁是多餘的，
同時批判也同步啟蒙，同時創作也同步記錄，
關於建築、家具、藝術、設計、美食、文學、旅行⋯⋯
在擁擠的現實與天馬行空的烏托邦之間，
《號外》是法則，也是境界。

意思是：這本雜誌很新潮、很有風格，它也代表了一種法則、一種典範、一種美學與品味的境界。

案例十六：台北市的形象文案書《台北觀自在》

如何寫一個城市的形象文案？我以自己寫過台北市的形象文案為例：我在台北出生、在台北長大、在台北求學、在台北工作、家人也都住在台北，所以台北對我而言就是家鄉，我該怎麼寫自己家鄉的形象文案呢？大家可以同步想像一下自己就是這個城鄉的觀光大使，你如何為它寫一篇形象文案吸引大家過來觀光？這個練習最基本的，因為你對自己所在地很熟悉，你一定能寫得比不住在此地的人好，只要你有辦法為自己所居住的地方寫出好文案，也才有辦法將自己置入其他城鄉來寫文案。

當台北市找我寫形象文案時，對我來說是非常容易的，因為我數十年都活在這裡，於是我寫〈台北市幸福格言〉來架構台北市民的幸福生活樣貌（已收錄進《廣告副作用》）。當時台北市政府很喜歡我寫的那篇形象文案，他們希望能夠出版一整本更大規模的「形象文案書」來描述台北細緻之美，所以我定名為「台北觀自在」，「觀自在」這個詞是從佛教而來，就像是我們所知的觀自在菩薩，就是希望每個台北人能夠用修行、禪定的方式來享受台北的生活，而不是匆忙、焦慮、煩躁的步調在台北過日子。

眼耳鼻舌身意的敏銳六感,創意體驗台北的大千奧秘!

台北,夢想、藝術、未來都在此大量流動——
這裡是知識與情報交匯的新鮮市集,

也是鮮活多變的異彩空間,宛如一本翻閱不停的生活巨書。
我們以細微的六感,
以鳥的視野、風的聽覺、花的氣息、
茶的餘香、泉的觸感、人的好奇,
閱讀了這個精采如夢的城市。

　　整本《台北觀自在》,我以眼、耳、鼻、舌、身、意這六大主題,來貫穿台北硬體設施及軟體文化。鶯歌陶瓷博物館是我寫過字數最多的文案,但現在這是一整本的形象文案書,字數遠遠超過它,也就是說做為一個文案的最終極,就得有辦法為這個商品、品牌、企業、城市,寫出一整本形象文案書的規模,這就是文案最大挑戰與超越極限的部分。

　　這本《台北觀自在》形象文案書非常厚,我就摘幾句跟大家分享我是怎麼描述台北市:

眼

人類靈魂在這個世界上,所能做的最偉大的事,就是能看事物。
看得清楚就是詩、預言和宗教合而為一。
　　　　　　　——羅斯金《現代畫家》(引自《感官之旅》)

我用這段引言,把眼、耳、鼻、舌、身、意的「眼」拉到最高境界。

以藝術名家敏感之眼，創繪台北異想七彩的美。
以電影導演深刻之眼，再現台北生活故事的影。
以悟道禪師空性之眼，領會台北日夜生滅的光。
唐朝詩人李白筆下的「宴坐寂不動，大千入毫髮……
一坐度小劫，觀空天地間」的境界，
就在千年後的今天，
在台北上千個影音空間中
日夜上演。

台北有近百家戲院，最棒的是每一年有好多影展，包括奇幻影展、女性影展、紀錄片影展、金馬外語片觀摩展……這也是我很重要的創意靈感養分。

虛實影音交晃，台北市民High嗑電影的耽溺地圖：
這裡就是隨時補給靈感、瞬間增加人生閱歷的生命市集。

各名目的電影節慶，占滿了台北市民一整年的月曆，
我們在各種精采故事中興奮地趕場著，
活在台北一天，
就是好幾輩子的人生如戲，世事如棋。

這就是我以自己在台北趕各個影展的心得所寫出來的文案，我彷彿在寫自己的日記、傳記。

耳

神給人兩隻耳朵，但卻只給一張嘴，讓他聽的事物是說的兩倍。
——斯多葛學派哲學家愛比克泰德（引自《感官之旅》）

我自己非常喜歡這兩句話，我把它們從我的文案靈感資料庫裡撈出來表達「耳」，意味著我們應該多聽少說。我還繼續回想，在台北可以聽到哪些聲音？

> 蛙的狂鳴、魚的呢喃、鳥的高歌、樹的風哨、溪的潺聲，
> 整座大自然劇院，不需要任何一位指揮就能琴瑟和鳴，
> 靈魂的低谷，在此瞬間就可以豐富充滿。
> 很感謝在台北很多地方，
> 我們還可以隨時收聽到：
> 生生不息、眾聲交響、
> 誰也無法複製的原音天籟。
>
> 以敏感的耳朵，畫出四張台北的聲音地圖：
> 盡可能地，把生命中最寶貴的假日早晨，
> 浪擲在這些天籟村之中。

全球視野

有時候，我會嘗試將自己放在地圖師的位置上，遠眺會激起一種懾人的驚奇感，彷彿空間確實是無限的。這項召喚對我們所有人而發，要我們去參與一個高度想像的事件。在我的斗室裡，觀念有真正合流的可能，因為我的看法很輕易就和訪客的看法融在一起，我們利用對方的經驗，一起把這些線索編織起來……

——詹姆士·考恩《地圖師之夢》

我們找到一處和平共用情報的時空交界，
每一場音樂、儀式、狂歡、享樂、消費、
美學、意識、感受、記憶、衝動、聲音、
自由、靈感、夢、遊歷、期待、進化、希望的發生，
都沒有時差。

科技新生的城市感官系統，
強化我們與外界的資訊連接，
以最高速精準的未來，
同步排練出：
完美地球村聯盟的種種細節。

未來，
就是完成極限，
讓想像全部變成真實的時候。

　　整本的《台北觀自在》已經全部收錄進《廣告副作用：商業篇》，大家可以自己去看一下全文，但建議大家先寫出自己城鄉的形象文案後再看為佳。

公益廣告

　　當企業想要辦公益活動，文案就必須要寫的有社會使命，這就屬於公益類型的文案，通常是很多廣告公司拿來做為參加比賽的重要專案。我記得以前在評廣告獎的時候，有一個公益廣告文案讓我印象很深刻，它的主題是希望大家能夠自己帶袋子，不要用塑膠袋，因為塑膠袋會造成環境污染，而且不環

保，當時我看到標題是「袋袋相傳」，這個「袋」就是自備購物袋的「袋」，這幾個字改得非常好，若你買東西時使用購物袋而不用塑膠袋，才有辦法代代相傳。

我還看過一篇交通局的文案，標題是「安全，是回家唯一的路」，因為如果沒有安全，就回不了家。我還特別喜歡一部分享次數上億的公益廣告影片《善意的迴旋》，它的影像是：一個小男孩跌倒，有個修路工人扶他起來，這個小男孩之後去扶一位過馬路的老太太，然後這老太太幫助了下一個人……一連串把助人的愛傳下去的過程，到最後，一個服務生收到小費，她很開心，她看到路邊有個工人在辛苦施工，於是她就主動倒一杯水給他，而這位施工工人，正是當時扶跌倒小男孩的那位，一連串迴旋之後善意也回到他身上，讓我們在幾分鐘內了悟因果循環。這些優秀的廣告短片成了我的靈感謬思，幫助我在寫公益類廣告能更深更廣地書寫。

案例一：天下雜誌〈smile for trust〉活動

如何寫一則公益廣告？或是一個有社會使命的文案？一個企業可以站在「大我」的角度上來做公益主題活動，可以發表一段宣言，舉辦一個活動來讓這個社會變得更好。《天下》雜誌基於當時整個社會遍佈著彼此不信任的氛圍，所以他們想舉辦一個公益活動：smile for trust，就是信任與微笑，我把「大我」的畫面自動生成系統打開，開始了這篇文案的書寫：

smile for trust

恐懼，使我們害怕失去，是創造力最大的敵人；
信任，讓我們樂於給予，是所有改變的開始。

當我們開始不信任這個環境，
抱怨與防衛，只會讓一切更糟，
因為所有發生在我們身邊的事，
都是集體意識的結果。

所以，讓我們相約一起做一件事：
從下一刻起，大家一起Smile For Trust，
先從信任自己開始，

信任自己所做的每一件事，
讓自己所做的每一件事都值得被信任。

如果每一個人都在同一時刻做到了，
我們的環境就可以瞬間變好：
每一道食物的生產都是令人放心的，
每一件商品都可以安心使用……

Smile for Trust. Trustis Power.
相信自己，讓別人相信，
就是改變環境的第一波關鍵力量！

我希望透過《天下》雜誌這篇活動文案，呼籲每一個人先調整自己、先信任自己、信任自己所做的每件事，讓自己所做的每件事情都值得被信任，如果每個人都這樣做的話，這個世界就會瞬間翻轉。

案例二：誠品〈反虛華，BeRich〉座談會

誠品希望透過〈反虛華，BeRich〉座談會，呼籲大家不要過度追求物欲，不虛華，讓你內在自然豐盛。

最富裕的人，就是需求最少的人！

反虛華，BeRich夏秋心靈補給活動開始！
人們常常倒退著過日子：
他們想要擁有更多東西或更多金錢，
以便能做更多想做的事情，
好讓自己更快樂。
其實反方向才是對的，你必須先成為真實的自我，
然後做你必須做的事，以便擁有你想擁有的。

——Margaret Young

太多的虛華，讓我們忘了自己是誰，
太多的追逐，已經搞不清楚自己到底要的是什麼。
卸下一身名牌，才發現自己什麼都不是。

炫耀手上五克拉的定情戒，
其實心裡想要的是兩人真心獨處5小時。

一身病痛，踩著名貴的高跟鞋進出冰冷的醫院，
其實想要的是能有一天，赤腳健康地在草原上享受陽光。
不要再為別人的眼光做牛做馬了，
我們的尊嚴不需要光鮮亮麗的頭銜，
我們的價值不需要巴洛克式的虛華，
轉向內心找到真實的自我，
想清楚自己要的是什麼。
Be Real, then be Rich.（成為真實，才能豐盛）

今年夏秋最豐沛的心靈補給線：
反虛華，Be Rich系列活動，
請現在就開始為自己預約，
在一場場幸福豐足的心靈宴饗裡，
與真實的自己相遇相知的驚喜。

　　我書櫃裡至少有一半都是跟心靈成長有關的書，因為這主題是各年齡層、各職業、各生命階段的人都需要的，所以我平時閱讀的書單裡，會有相當大的比例都在看這類型的書。

　　信任、反虛華，就是我在看心靈成長類的書時經常思考的議題。我建議大家在閱讀的書單中，至少要有三分之一到一半與心理成長有關，一方面對自己有益，另外一方面也可以提煉出生命的智慧，放在你的文案裡面。

案例三：P&G藥廠「女人6分鐘護一生」活動

　　P&G 藥廠宣導每個女人每年至少空出 6 分鐘來自我檢查身體，當時他們請林志玲代言推廣了這個活動，叫做「女人6分鐘護一生」，我把這篇公益廣告文案分為女人篇和男人篇：

女人篇

女人6分鐘護一生

上帝給女人一天24小時=1440分鐘。

女人花了183分鐘在照顧小孩或是寵物，

花了65分鐘在疼愛老公或情人，

花了20分鐘在修剪花草盆栽或是花園，

花了105分鐘買菜、料理、做家事及處理財務，

花了480分鐘在辦公室努力工作、關心同事，

花了52分鐘關心公婆父母兄弟姐妹，

花了25分鐘熱心社區事務，

花了45分鐘看新聞、關心國家大事。

女人把大部分的時間都給了別人，

然後就只剩45分鐘打扮自己準備出門，

剩420分鐘睡覺休息。

於是，女人把上帝給她一天的時間全用完了，

卻忘了留時間給自己的健康。

從現在起，

我們提醒每個忙於照顧別人的女人們，

每年空出6分鐘給自己，

三個重點都關照，6分鐘，護一生，
請為了愛你的人與你愛的人，
好好愛自己！

謝謝每個女人，也提醒每個女人，把自己時間都拿去照顧身邊的人，卻忘了照顧自己，這篇文案是呼籲每個女人，要留點時間照顧自己。

男人篇

每天全心聽她說話60分鐘

每週貼心為她分擔6件家事。
每月專心與她獨處60小時。
每年用心陪她去檢查6分鐘。
三重點‧全部都關照。

6分鐘‧愛她護一生。

呼籲每個男人每天騰出 60 分鐘傾聽自己的媽媽、太太或女兒說話。大家平常可以練習的是：選一個你很關心的社會公益主題，就這個議題來練習寫文案，文中必須要有具體建議、具體的主張、以及行動力，你也可以為這個活動預設一個企業、品牌、或是產品，例如之前有個 16 歲瑞典小女孩發起的「罷課救地球」，就是以一個小孩的力量喚醒全球。

案例四：誠品書店無國境醫療團攝影展

無國境醫療團簡稱叫 MSF，是一個與聯合國關聯的公益機構，也是歐盟重要友好的非官方組織，主要是以緊急醫療救助為主。它的成員包括醫生、護士、麻醉師、復健師、心理諮商師，針對受到自然災害侵襲，或者是第三世界因為種族、宗教內戰導致受傷的難民來進行醫療救助。

誠品書店舉辦無國境醫療攝影展，是由來自世界各國十位優秀攝影家，跟隨這些醫護人員去現場拍攝的照片，他們以攝影師的眼光及親身體驗，記錄無國境醫療團的第一現場。這些攝影作品變成攝影展後，有助於我們瞭解在世界彼端還有很多人在受苦受難，也提供我們反思、理解，甚至看我們能夠幫他們做什麼的機會平台。

當時我大量看很多相關資料、影片、照片，當時看到攝影師 Robert Capa 說的這段話讓我很感動：「如果你的照片拍得不夠好，那是因為離戰爭不夠近」──目前為止，我還沒有看過比這兩句更精準打動人心的描述，所以我用這兩句話做為無國境醫療團攝影展的標題：

如果你的照片拍得不夠好，那是因為離戰爭不夠近

──Robert Capa

面對即將消失的世紀，
10位攝影師用相機，延續烽火下倖存的生命力，
所有的鏡頭與底片，在人的使用下有了人性。

11月23日至12月8日，

世紀末‧無國境醫療團影像展，請你目擊，

MSF無國境醫療團全力搶救，一切來不及阻擋的悲劇生命。

當時這篇文宣還配上十位攝影家的作品，每一幅都非常的震撼人心。大家可以在網路上搜尋這個攝影團隊還拍了哪些照片。

這篇文案完成後我寫了一個後記：

關於攝影展

容易激動、容易對立、容易感染、就是不容易感動。
不停天災、不停人禍、不停流血、不停的人心腐敗。
罹患絕情、罹患絕症、罹患絕望、絕處沒有再逢生。
鏡頭下這些人，不知道是否還活著──

如果1994年的颱風放過馬達加斯加島上的30萬人，
如果愛滋和毒品從未進入泰國，
如果1975年莫三比克的300萬人免於內戰，
如果巴黎的700個孩子度過鉛落塵，
預言中的末日尚未發生，槍口下的悲劇已經開始。
面對即將消失的世紀，
一夜屠殺，輸光了所有的信任，
請看看這些歷劫歸來的人。

我自己平時也盡可能地收集攝影作品集，為自己深度洞悉人性的感官資料庫做定期的耕耘。

課後練習

塑造品牌形象的文案終極指南

❶ 從優秀的廣告中學習。

❷ 思考人與產品的關係、定位,把自己放進消費者身體裡。

❸ 生活是文案的養分,無論是食譜、處方箋、說明書……都可納入文案靈感庫中。

❹ 寫企業形象文案時先長出主樹幹,再札根到它的核心精神,讓枝葉繁茂。

練習題

■ 選一個你很關心的社會公益主題,就這個議題來練習寫文案,文中必須要有具體建議、具體的主張,以及行動力。你也可以為這個活動預設一個企業、品牌或是產品。

實操熟練各類型的
文案文體

在我們打下前三階段的基礎後,現在我們要進入最後
「實操熟練各類型文案文體」的階段。

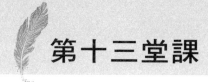

第十三堂課

藝文、文創、商場、房地產文案

藝文文創類文案

近幾年來文創產業興起,有文藝風、文青風的文案開始流行。我自己是從寫誠品書店文案起家的,當我出版《誠品副作用》後,就有許多這類型的文案工作來找我,我選出這類型的文案作品,跟大家解說背後的靈感與思路。

案例一:誠品書店舉辦的「張耀咖啡攝影展」

一講到咖啡,你會想到什麼?喜歡喝咖啡的人,與喜歡喝茶的人有什麼不同?你可以把這個主題做為生活觀察的練習,比方你進咖啡館,你觀察一下是什麼樣的人在喝咖啡?他為什麼來喝咖啡?他喜歡喝什麼樣的咖啡?他在喝咖啡同時在做什麼?喝完咖啡之後他的狀態有什麼不一樣?究竟是什麼樣組合

的人，會一起去咖啡廳？他們在聊什麼？……如果我們把時間拉長，追溯到更久之前咖啡的歷史，大家可以看《上癮500年》，這是一本關於咖啡、菸草、酒的歷史書，書中提到：「根據人類學家安德森指出，世界上通行最廣的名詞就是四種含咖啡因的植物名稱，包括咖啡、茶、可可跟可樂。而咖啡卻是含咖啡因植物中最具經濟價值的，也一直是世界上流通最廣的貿易商品，僅次於石油，一樣成為工業文明中不可或缺的一種能量來源。咖啡的發祥地是在伊索比亞高地，當地人習慣於嚼咖啡豆，而不是以沖泡的方式來提神。一個法國醫生是這樣形容法國文豪伏爾泰：伏爾泰是最顯赫的咖啡癮君子。阿波羅11號上的太空人，在降落月球三個小時後，隨即喝起了咖啡，這個是有史以來，人類在其他星球飲用咖啡的先例。」光看到這幾段話，是不是讓你咖啡的想像以及概念拉得比較廣遠呢？這就是閱讀的重要，因為在我們生活領域裡，我們沒有那麼廣的時間跟空間，但是看書可以讓我們對咖啡的理念瞬間拉大，就能夠有更多的素材來寫咖啡。

在《上癮500年》這本書裡也提到：咖啡風行於歐洲是17世紀後半的事，咖啡館很快就成為男士們宴飲、閒聊的重要地點，之後也有很多的名人聚集在此討論文學與政治，咖啡館成了吸引知識分子與作家的磁鐵。

另外我自己也有一本參考書《帝國與料理》：「16世紀，喝咖啡這個活動會創造出一種新的社交場合：咖啡屋，或者是咖啡館，這有點像是中國過去喝茶一樣，點出了從世俗領域轉

往精神領域的重大轉變，文人雅士在這些咖啡屋裡面討論自己的創作，下棋，跳舞，唱歌，還兼聊政治，後來咖啡也成為鄂圖曼帝國阿拉伯語區的飲料：東有埃及，敘利亞，伊拉克，西有利比亞，阿爾及利亞，北邊有突厥匈牙利。」

當我要寫誠品書店舉辦的「張耀咖啡攝影展」，我必須要先去讀他的《打開咖啡館的門》，書裡有很多他拍世界各地的咖啡館，以及圍繞著咖啡的故事，我根據他書上所提到的情節來完成這篇文案：

有史以來，咖啡因最多的書展

歌德、叔本華、尼采、李斯特、西班牙廣場、克里克咖啡館。
白先勇、黃春明、林懷民、50年代、現代文學的明星咖啡店。
巴哈、海頓、舒伯特、即興演奏、深夜打烊的音樂咖啡館。
余光中、洛夫、楊牧、無限續水的衡陽田園咖啡廳。
我不在家，就在咖啡館。

書桌上的咖啡書，書桌上的歐洲
把中間的位置留給哲學家的Café Sperl。
一個門通往天堂，另一個門靠近地獄的Demel。
36法郎，左岸最貴的巴黎Café AuxDeuxMagots。
一直延畢的老大學生，視Café Haag為維也納咖啡大學。

六十多家有故事的咖啡館，都在歐陸，
都在張耀的《咖啡地圖》裡，正靈感沸騰地煮出咖啡香……

曾經有歌德、叔本華、尼采、李斯特來過西班牙廣場克里克咖啡館，他們的靈感與寫作都在這裡完成──同樣在喝咖啡，咖啡給了這些文人雅士、音樂家靈感。這個攝影展主題是咖啡，所以我寫下：「有史以來，咖啡因最多的書展」，把咖啡的嗅覺寫進平面無味的文字裡。平常你也可以練習：一邊喝咖啡、一邊寫咖啡的文案，做為你的靈感水源庫。

案例二：誠品敦南店古董筆特展

　　我們長期用手機、電腦，已經很久沒有寫字，但是用筆書寫還是一件很重要的事。日本神經內科醫學博士米山公啟寫的《筆記本成功術》，強調用筆書寫做記錄時需要動用到運動神經、感覺神經、視覺中樞、語言中樞等大腦的功能，而且還需要處理感情和推理的能力，可以說是所有大腦功能都要用到，對於鍛鍊大腦能力來說，用筆寫字做記錄是很重要的過程；而且他認為，如果過度使用行動電話或是個人電腦，用筆在紙上寫字的機會越來越少，這樣大腦很容易就僵化退化，所以他說歷史上的天才都是動筆書寫，像是達爾文一生寫的信件總共有7591封，愛因斯坦寫了14500多封，他認為書寫有助於頭腦靈活運轉。

　　自從人們有電腦、手機後就很少拿筆了，我們想一下，用電腦打字與用手寫有什麼不同？當我們收到一個人用手寫的信時，我們可以從他的字跡、用筆的力道，感覺到這個人當時寫字的情緒，還有他的個性。可是如果你收到的是一封電腦打

字的信或是卡片，你是沒有什麼感覺的，無論他寫的多麼有感情，你覺得那好像是電腦寫出來的東西，沒有人的情緒力量。

我常到威尼斯，看到很多他們手工製的羽毛筆，或者稱為鵝毛筆，筆桿就是一隻鵝毛，會染成白色、金色、粉紅色、紫色……等各式各樣的顏色，或是博物館、美術館裡也會看到作家們使用的筆，每枝都帶著有他們的個性，絕對不是現代人用的原子筆。筆對我來說就代表著書寫欲，一種非寫不可、不寫會死的狀態，當一個人創作欲來的時候，身邊如果沒有筆，他會很焦慮，《鵝毛筆》這部電影講述的是小說家薩德侯爵，他是那種一旦創作欲來了，他就會瘋狂地寫，甚至有人把筆拿走，他就用酒與血來寫滿整個身體、衣服、床單、牆壁，就像水庫洩洪似的，擋都擋不住的，這部電影把狂熱書寫欲表達得非常好。

筆對於一個創作欲很強的人來說，就是一個宣洩的水庫，沒有筆，他會死。在《The Copy Book》裡提到美國有位知名廣告文案，他靈感來的時候，會在地鐵上趁旁邊老婦人不注意時，從她的購物袋撕一角來寫，或是靈感突然來的時候會用樹枝或石塊，在人行道地板上寫、在已經弄濕的雞尾酒會餐巾上寫、在廁所的牆壁上寫、在路人的衣服上、有時甚至在情人的皮膚上──寫文案的人，一定要非常熱愛寫字、熱愛閱讀，他只是作家的另外一種身分，這不是職業或是技巧而已，因為只有對文字創作如此的狂熱，才能讓文案有生命力量。

正因為自己對筆有感情，很願意在這篇文案上去做很多的思考以及書寫。我覺得閱讀與寫字是同一件事情，就像一體兩面，當你用心深度閱讀時，作者說、你同步回應，如果你能夠跟書的作者對話，那就如同你在心裡寫字一樣，那個回應就可以變成另一種形式的書寫，對於我來說，我的閱讀欲與書寫欲是一起出來的。所以當誠品敦南店要我寫一篇古董筆特展文案時，因為我對筆非常喜歡，就把筆相關的資料都找出來，擴大「筆」的時間跟空間來海選更多素材，讓這個筆是有深度的：

重溫握筆的感動

寫字的人不說話，一段關於筆的二三事。

曾幾何時，工廠統一規格的筆，取代手工製筆，
讓不同的手習慣一種握筆，一種表達。

曾幾何時，電話取代了書信往來，
1分鐘90字的效率，取代紙上耕耘的筆跡，
過耳即忘的冷漠，取代永誌於心的感動。
曾幾何時，電腦打字取代了手寫筆跡，
文字失去了入木三分的感情線條，
人失去了紙上刻鏤思緒的力道，
而筆，失去了人的氣味。

史學家的筆，第一次寫字的筆，父親送的筆，
簽約用的筆，專家用的筆，代表身分的筆：

一支竹筆蘸了尼羅河的水，填滿了埃及的歷史哀榮。
一支鋼筆蘸了日夜思念的淚水，
寫成了阿伯拉與哀綠綺思的情書。
一支彩筆蘸了大溪地的水，畫出了高更的原始野性。
筆因氣候而有情緒，人因情緒而有靈感，筆因靈感而有生命。
古董筆展，
在白紙的童貞前，
重新端詳百支有年份、有來歷、有氣味、有流傳的古董筆，
重溫握筆的感動。

不同的筆代表不同的文化、不同的故事，我透過文案把與筆有關的故事還原起來，例如關於埃及的歷史、一篇情書，或是一幅畫，它所用的筆都有年份，甚至有的比人還要老。如果你買了一支古董筆，意味著它已經寫了好幾代的故事，早在你出生之前。

這些古董筆可以傳家：爺爺在爸爸畢業典禮時送給他一支名貴的筆，這支筆傳承到他在為自己創辦的公司簽約時就是用這支筆，然後爸爸再傳給兒子做為生日禮物，這就是傳家的溫暖親情。或是老師送給喜歡寫作的學生一支筆，希望他將來能夠用它來完成著作，將來幫讀者簽名……所以每一支筆背後如果以禮品的概念，代表著送禮的人送的不只是筆，還連同他的期許送給你未來的新身分。

案例三：誠品服裝書展

我最早寫的第一篇文案是中興百貨，所以我很早關注的就是時尚與服裝。之前中興百貨有一段文案：「在服裝店培養氣質，到書店展示服裝。」這個文案的概念是：到中興百貨買衣服的人，是會到書店看書的那些人，他們是一群既時尚又是知識菁英，所以服裝與書本之間有很多可想像的共同靈感畫面。

我還記得看過一篇印象很深刻的文案：「女人想穿、男人想脫的衣服」，一聽到這幾句話就知道這件衣服是很性感的——好的標題即便只有幾個字，你都能看到穿這件衣服之後人的變化，就像葉旻振寫過一篇得獎文案：「可憐舊情人，看不到我的新內衣。」

中興百貨也有很多篇關於服裝的經典文案 slogan，包括：「衣服，是這個時代最後的美好環境」，當你看到這句話，就得審慎地挑好衣服，要不然你連最後的美好環境都沒有，這就是把服裝概念拉到最終極的文案。

還有一篇得獎的中興百貨文案是這樣寫的：

服裝就是一種高明的政治，政治就是一種高明的服裝。

穿上一件衣服就扮演了一個樣貌角色，展示了她的權力形象，就像政治一樣，所以把服裝與政治做一個很好的比喻跟對喻。這篇的文案內容是這樣子的：

當阿瑪尼套裝最後一粒扣子扣上時，最專業而令人敬畏的強勢形象於是完成了。白襯衫，灰色百褶裙，及膝長褲，豆沙色的娃娃鞋，今天想變身為女孩。看見鏡子裡身上的華麗刺繡晚裝，於是對晚宴要掠奪男人目光，並令其他女子產生妒意的遊戲胸有成竹。僅一件最弱不禁風的絲織，細肩帶，透襯衣，就會是他懷裡最具攻擊性的綿羊。

衣服是性別，衣服是空間，衣服是階層，衣服是權力，衣服是表演，衣服是手段，衣服是展現，衣服是揭露，衣服是閱讀與被閱讀。衣服是說服，衣服是要脫掉的。

服裝是一種高明的政治，政治就是一種高明的服裝。

這段文案很有視覺感，這篇平面設計也非常華麗：以同一位模特兒分飾兩個角色：一個貴族女主人，一個女僕在同一張平面稿上互相對望，雖然兩種樣貌都是非常自信高傲，但因為兩件衣服不同，所呈現出來的權力階級大異其趣。

如果你要寫一篇與服裝有關的文案，建議平常要大量去看服裝時尚、伸展台上、或是服裝設計師相關的書籍、採訪故事、傳記電影，這些都能讓你立體感受到他們的生命力，文案才能有生動的視覺力。比方可可・香奈兒的傳記《我沒時間討厭你》，這本傳記有很多可以用來描述服裝或服裝設計師很生動的文字，充分表達香奈兒的個性，正因為她有個性，所以她的服裝也很有脾氣。在傳記上有人是這樣形容她的：黑色的膽汁從她炯炯有神的雙眼流瀉而出，她那用軟黑眉筆勾勒出的眉峰越加鮮明，就像一道由玄武岩構成的拱門。香奈兒人是一

座火山，但全巴黎都誤以為這個火山早已熄滅，她自己也說：「孤獨錘鍊了我的個性，讓我擁有暴躁、冷酷又傲慢的靈魂和強勁的身體……是我解放了女人的身體。」

當時誠品書店要我寫一篇關於秋冬服裝書展，我大量閱讀與服裝、服裝設計師有關的圖文影音，於是我寫了一句標題：「書妝打扮」，用書本的「書」，來取代「梳」妝打扮：

書妝打扮

川久保玲的服裝，染上三島由紀夫式的死亡黑。

日本服裝設計師川久保玲的衣服大部分是黑的，日本很有名的作家是三島由紀夫，所以我形容川久保玲的黑是有深度的黑。

伊夫・聖羅蘭的房間，
以《追憶似水年華》的角色替房間命名。

《追憶似水年華》是法國作家普魯斯特的作品，描繪 19 世紀末 20 世紀初，法國上流社會文人雅士們的心理以及生活。這套書的內容非常龐大，有 4000 多頁 200 多萬字，總共有七冊。普魯斯特的弟弟說，如果要讀《追憶似水年華》，得大病一場，或是把腿摔斷，要不然哪來那麼多的時間。聖羅蘭是一位服裝設計師，他以《追憶似水年華》的角色替他的房間命名，因為他很喜歡這套作品。

羅夫・羅倫專櫃的長褲和衣衫間，擺一本臨床心理學。
GianniVersace的皮革配真絲，

暴露了肉感的義大利古典主義。
哈美奈把佛教戒律學和集體潛意識哲學，
反映在運動衫的設計上。

作品能夠經典長久的服裝設計師，他／她閱讀是非常跨領域、而且是深度的閱讀，甚至還讀佛教、心理學，或是非常大部頭的文學。

服裝讓身體自戀，閱讀讓心靈自覺。
對漂亮衣服和好雜誌一樣沒有抵抗力的男人女人，
誠品閱讀提供了服裝以外，
更多讓你自信出門的生活情報。

誠品舉辦這個服裝書展時，希望能夠呈現出這些服裝設計師非常獨到且很有品味的閱讀。關於服裝，可以看山本耀司的紀錄片，是由導演文德斯拍攝的，這個紀錄片的名字叫做《城市時裝速記／城市服裝筆記》，在這個紀錄片裡，文德斯用影像記錄山本耀司設計服裝的過程，因為他會以書中老照片做為靈感設計，會用黑色來縫製一件件有歷史感的服裝，每穿一次，就變身一次。而他自己也說，穿上這些衣服，就像穿上日積月累陳年的記憶、童年的時光。

書是服裝設計師剪裁文化氣質的重要素材，也是讓盛裝的人看起來更美、更有氣質的保養品。平時可以練習寫與服裝有關的文案，你可以自己選品牌，或是可以自己設計品牌：假設你有一個自創的服裝品牌，你想怎麼定位它？它的風格是根源於你什麼樣的個性？我自己也對服裝很有興趣，我的夢想之

一也是想要自己設計服裝，所以我在《戀物百科全書》寫道：「我期待出版一整櫃的衣服，一季一次，一件一篇，含剪裁，圖文並帽衣，如果我可以出版親筆繪寫的布衣，一式一件，按季在伸展台上藉人體發表，我就不再出版書。」

商場類文案

在所有文案類別中，收益最高的是房地產，其次就是商場，如果你要做一個高單價收益的文案，房地產與商場是一定要會寫的。我想跟大家分享我寫的上海大悅城商場開幕文案，希望透過這個案例的分析，你也能夠很快上手怎麼寫一個商場的文案，這個方法不僅能夠寫商場，還可以幫你自己的網店，寫出大格局的文案。

案例：上海大悅城開幕文案

我在接上海大悅城商場開幕文案時分為兩個階段，一個是開幕前的預告，第二是開幕當時的文案。當時我與客戶開會時，我們面對一整張商場剖面圖，很仔細瞭解每個樓層的品項品牌、空間動線，還有必須要讀他們的消費者分析報告，甚至還要去附近競爭品牌商場看一下，他們的特色跟我們有什麼不一樣。

當時我們討論出上海大悅城的客層是比較年輕的，大概就是 20 到 35 歲之間的上班族，因為都在戀愛、結婚、生子的階段，我與客戶共同提煉出「愛」這個主題。此外還有一個原

因是：大悅城頂樓有個摩天輪，這是愛的地標，將來能成為全上海人表白愛的地方。所以我用「愛」的主題貫穿開幕前、開幕後所有的文案，包括每個設施以及做為愛的告白空間……大悅城希望能夠成為年輕人戀愛的地標或是表白愛的地方。

開幕前預告文案

2015年大悅城・愛的宣言式

終於找到一個，
能大聲表達愛，
卻完全沒有風阻的地方！

相見總是恨晚，
示愛永不嫌晚！

午夜夢迴的迷戀，
到今天終於有了
驚人的表述能力！

讓我們像孩子一樣，
童言無忌地喊出愛！
讓我們像初生之犢，
無畏無懼大膽去愛！

有話不藏心底，真愛不留遺憾——
請以最有創意的話語，
說出讓對方永生難忘的愛情表白，
寫出一段讓對方感動到哭的卡片，

用最出其不意的驚喜傳達你的愛！

如果現在沒有情人，
請把這滿盈的愛給家人、閨蜜、換帖兄弟、未來的情人，
或是給最需要愛的老人、孩子……
今天所見到的每一個人，
都是我們可以給愛、練習愛的對象！

這篇文案並不是只給正在談戀愛，或者是渴求愛的年輕人，我也希望他們的愛能擴大到去關懷周圍需要愛的人。

在魔都的心跳區，
終於找到了一個：
愛情能見度最高、可以大聲表達愛，
卻完全沒有風阻的地方。

上海就是魔都。既然要成為愛的地標，我們也知道愛在現實生活中可能會受到一些阻撓，比方身邊家人的意見，好像愛在這個城市裡的風阻特別大，所以我希望他們到頂樓，遠離了地表上的阻力，就可以大聲表達愛。

大悅城，
邀請每一位有情人，
把我們的真情表白傳向四方，
讓每一個人都聽見愛的迴音！

這段是配合頂樓愛的告白區，因為它有個大聲公的裝置，任何人都可以在那裡表白，幾乎所有的人都聽得到。

開幕前造勢活動之一：天使行動車隊 ‧ 攝獵真愛之吻

在開幕前大悅城做了一個宣傳的活動，派出車隊去大街上收集情侶們的親吻照片，放在他們商場的牆上。他們每「攝」獵到一張照片，就會化成一元壹基金來做慈善公益。

天使行動車隊‧攝獵真愛之吻

10月19日起
大悅城派出最大規模天使行動車隊，
四處捕獲全上海最甜蜜的情侶，
把他們的吻，留在我們的Kissing point，
每一枚吻，
都會化成一元的壹基金，
讓你們的愛蔓延全城。

幸福定格‧愛情相館
我們還會裝配好一台，
追蹤愛的移動照相館，
現場採集最動人表情，
記錄每分每秒正發生，
城市每一處愛的現場。

這些行為不限於情侶，也包括親人之間的擁抱，他們在上海到處採集愛的證據——文案就是腳本，你把視野畫成一格一格的故事景窗，整個商場就活起來了。

開幕前造勢活動之二：愛的信物展

開幕前第二個造勢活動是「愛的信物展」，就是向全上海收集情人之間的信物，來做為展覽與展示。

2015年大悅城・愛的信物展

終於找到一個可以保鮮愛情卻永遠不會過期的地方！

愛情要保鮮，刀工要細膩，
相處要火候，忠誠原汁味，
愛情的可貴就是自己與自己所相信的東西很靠近！

從我的真情，
提煉出永恆的信物，
送給你，
讓我的愛陪你上天下海，
陪你一生一世！

我的誓言，
比石頭更堅定，
比鑽石更純淨，
雖然地球上沒有任何一樣東西能代表我全部的愛，
但只要你看到這個信物，
你就能瞬間超越時空限制，
隨時隨地連結到我們廣大的愛的訊息場，

你就能記起所有，
我們曾經發生過每一分每一秒愛的細節！

11月19日，愛的萬物論
大悅城開始向每位有情人
收集愛情密度最高的信物
在戀情引力最強大的中心
把愛輻射到全城各個角落

　　每一字每一句都在表達大悅城是愛的地標，它收集愛的照片，還有愛的信物，我把它定位成這裡是戀情引力最強大的中心，它有能力把愛輻射到整個上海的每個角落──當你帶著像談戀愛的心情、寫情書的方式在寫商場文案時，其實寫起來是很甜蜜的，這樣的文案就可以黏住人的眼與心。

12月19日大悅城開幕的文案

2015年大悅城・愛的開幕式

大悅城以30顆巨鑽光芒的SKYRING
成功地圈住了2015年以來最幸福時刻
就在全上海最激動活躍的心跳區，
以告白勇氣開啟一連串愛的氣勢，
每一處、每一幕正在發生的情節，
刷新了每個上海人的愛情新境界！
這裡就是感動的發源地，

呼應前面「愛的信物展」、「愛的宣言式」，現在已經是開幕式了。他們為大悅城頂樓摩天輪命名為 SKYRING，代表天空上的戒指，我將上面 30 個座位比喻成 30 個巨鑽所圍出來的天空之鑽，成功圈住所有幸福的時刻，也意味著在這裡很容易求婚成功。

你正在尋找真愛，真愛也正在找你，
你只需要走出來，走到這裡被看見！
於是我們的愛情，終於找到了永不落幕的浪漫場景！

愛情所到之處，無遠弗屆——
我們邀請最能追蹤愛的氣息的藝術設計家，
為我們打造每天都能翻閱驚喜的愛情舞台，
以 16 萬平方米的時尚、藝術、娛樂全跨界排場，
讓每一位有情人隨時進行壯闊的求愛盛況！

這裡是上海的愛情新地標，所以把它比喻成心跳區，他們已經把所有的排場都建好，只要走出來，就可以遇見愛情，表白愛情。平時你可以「愛」為主題，為店家、商場、商品、空間、餐廳、書店或是服務來練習寫文案，並根據你為它塑造的靈魂核心，為每個地方、每個設施、每個獨特服務特別命名。

房地產類文案

　　房地產這個類別，是所有文案項目中單位時間經濟獲益最高，那是因為這個產品單價比較高。我自己做過房地產有七、八年的時間，在 20 多歲時一邊寫誠品書店，一邊寫房地產，當時 90% 收入來自房地產文案，其他 10% 不到的收入是來自誠品書店以及其他的案子，而這 10% 裡有一半以上是來自於商場。

　　對我來說，房地產與誠品書店，前者是麵包，後者是愛情，因為我在寫誠品書店文案時當成是創作自己的作品，但如果房子的總價較低，那就沒辦法寫得太難，只能用很簡單的語言表達它的地段或是它的價格——距今二十多年前，我接了一個台北郊區總價才 180 萬台幣的房子，當時我寫了一句：「如果你買不起這個房子，你要好好檢討一下，你的錢都花到哪裡去了？」用這句很霸氣的標題來表達這房子真的超級便宜。

　　通常房地產的文案不會只有一篇主文案，因為它的規模很大，還會有很多附屬文案，包括要介紹房子的特性、它的各個設施，通常房地產的文案會是一整本，所以要提煉出整個地產案最核心的精神，反而是文案最重要的步驟。

　　如果遇到頂級地產案，就可以寫得非常有味道。過去我有非常充分的旅行經驗，特別是主題式的建築之旅，這對我寫地產文案是非常重要的，因為我知道什麼是光影透過水，把水波紋折射到建築裡的感覺，如果沒有走過這樣的景色，很難透過

文字來描述一個還沒有成形的空間。所以旅行其實不是花費，反而是我的養分，讓我有辦法「預先看到」建築生動的樣子，我才能夠寫出來，一旦會了，文字就能夠在每一位讀者、閱聽眾腦中還原出美好的空間氛圍，這就是獨門的文案功力。

我舉一個自己曾經寫過的地產文案作品。當時有一個總價、質感、美學、品味都是當地最高水平的別墅案：台北內湖「上善若水」，總共才 14 間很精品的別墅，所以我想透過這個例子跟大家演示一下，一個高檔次的別墅文案可以怎麼架構、怎麼寫。

當時我為這個上善若水別墅案想的核心精神是：因為它是一個只有 14 戶的小型精品別墅，很有誠意的以日式建築風格來完成的，所以當時我想了三個字，做為整個案子的核心精神：「精工禪」。「精工」就是代表很精細的工藝，「禪」代表禪意，它結合了精工與禪的概念，它既現代又未來，就是所謂的低調奢華。

「精工禪」首座現代未來式的建築新概念

神戶六甲、大阪星田共有城市、
神奈川綠園都市、福岡香椎……
日本正漸漸形成一種新的居住思潮，
一種更生態自然、科技手工，簡素禪定的住宅趨勢。

這樣的趨勢，我們為它下一個專有名詞，
就叫作「精工禪」。

這一段是客戶的建築師在設計此案時，是以神戶六甲、大阪星田共有城市、神奈川綠園都市、福岡香椎……這幾個地方做為參考點。事實上，客戶不會那麼清楚他想要表達的概念是什麼，做為文案要幫他們提煉出來，於是我去找到這些案子的圖片、影片去尋求他們的共同點，然後再對照別墅案的藍圖、外觀、內部規劃，幫它定名為「精工禪」，希望大家透過這三個字，能夠很快地抓到這個別墅案的精神。

當時客戶已經為這個別墅案定名為「上善若水」，這四個字出自於《老子》，所以我必須把整個「精工禪」的精神扣上「上善若水」的概念：

> 尋得一片上善之地，全力實現多年的夢想，
> 為台北創建一個：不可思議的完美型別墅「上善若水」
> 因為很未來，所以讓現在正在使用那些空間的人，
> 多了一份提前使用未來感的驕傲。
> 建築師已經把
> 「時間」、「生態」、「節氣」、「態度」、「慶典」、「故事」……
> 這些概念設計進去，
> 所以歷經朝夕或朝代的更替變動，
> 仍可保有難得的居住安定感與驚奇感。

文案必須透過建築師的示意藍圖、環境地圖，把 2D 變成3D，把流動的影像加上時間，來提煉出有溫度的文字。不像是一支手機或是一個電器，房地產的特性就是使用它的時間很長，短則幾年，長則要傳家傳代，所以在文案裡必須要強調：

經典傳家，可長可久，安定感……這樣才能附加「家族歷史感」，但還要再加上「未來感」，讓他覺得這個房子即使過了10年、20年或50年後，它還是很新潮的。

「上善若水」根據日本建築居住實例，
彙整出「現在未來式概念」的四大元素：
「地」「水」「光」「空」四個設計概念，
來闡述「精工禪」生活哲學的各自面貌。

我必須從這棟建築裡，找到四個比較抽象的哲學概念，又可以對應到居住在裡面的生活態度，所以我提煉成四個部分：地、水、光、空。

有未來概念的日式精工禪庭、挑高13.8米天窗內庭、六進式前中後院、日式護家錦鯉運河、櫻木花道、東京K-MUSEUM蘆葦燈海……

融入精神文明的前衛時尚與老師父苦行僧事必躬親的精神，在建築業幾乎失傳。

這座耗費極大的時間與腦力規劃的別墅，要讓每個在這裡的住戶，有著住在國際知名建築作品裡的驕傲！

這是一個每天有節慶、有童年、有野趣、有故事的家環境，如老子的無為，看似雲淡風輕般低調禪意，卻在幕後灑下精工之筆，無盡而高明的思考、推演，為佈局往後生活情境預留伏筆，讓居住者透過建築規劃、配備選材，與環境產生良

好的互動；在有限的空間，沉潛於無限無邊的生活真味，展現大自由與大自在。

與周圍生態打好關係、與自然打成一片的房子，自律精練，構成最大氣度、最上乘的建築氛圍。戶戶的前院，與公共空間的中庭，連成一個有層次的整體綠野，成了「建築的自體廣場化」，讓住在其中的人，可以透過在空間中自由地爬升、連接、轉進、暫留的過程中，盡享各個轉角景點的耳聽、眼觀、鼻嗅、足觸等不同感官感受。

一如莊子所形容的：有星有鳥的天籟和氣、有水有風有樹的地籟和聲、有歌有情的人籟和諧。這是一個經過有機設計的環境，歷久彌新，八株台灣稀有珍貴染井吉野櫻、御三家頂級錦鯉、飛驒古川護家運河……日式精工禪別墅，在「上善若水」14席浮島莊園中，完美實現！

當自己的家族住宅成了當地的地景地標，於是住戶可以在尊貴的紅銅板上，得意地刻上自己的家徽，在外牆上提家譜、家訓、或是誓言，賦予這棟天生美好的住宅，一個永遠的姓氏與個性。

一生一棟，終極別墅，上善若水，台北市頂級的精工禪庭電梯別墅，一生最好的一棟，只有14戶！

接下來整本《精工禪》的文案必須要針對剛提出來的四個概念：地、水、光、空來做詳細的介紹，而這四段也呼應著這個地產空間。我們想一下，假設地、水、光、空四個概念由你

來寫，你會寫出哪四種不同的意境？然後這個意境如何能夠投射到地產本身的特質？

印度甘地說過一段話：「在這個世界上，你必須要成為你希望看到的改變。」如果能做一點功課，去搜集一下全世界各地有機生態村，例如：印度曙光村、美國雪士達山、澳洲拜倫灣、東京木之花……甚至我們可以擴大源頭思考：如果給你一塊地，以「有機生態」的主題規劃出心目中最理想的居住環境以及建築的樣子，它的能源是永續乾淨無污染的，空氣土地食物無毒，每個人在此不僅能夠發揮自己的天賦，也能夠與人、與自然有很好的交流、共處、共創，把在那裡生活的狀態描述出來，並為它定位成很有氣質的未來式村落，規劃完、寫完之後放到你的網路平台，或許就有建築商願意配合你的計畫來完成這個理想中的家園──這是未來很重要的趨勢，俄羅斯〈阿納茲塔夏〉系列作品是很好的參考。

我常覺得自己不只是一個文案，有時候很想改變一些事情，腦袋裡一直都有最理想的空間版本，所以當客戶來找我時，我會把這個理想版本投射出來大家一起討論，把自己設定成這個社區建築的共同設計者，也視自己為未來住戶，在過程中才有機會與團隊平等的溝通，甚至還能比客戶到達更高的維度來改善他們原來的規畫；等我構思完、畫完未來生活的幸福藍圖，文案也同步完成了──只有把眼前的產品、空間或服務變得更好，我才有辦法寫出好的文案，如果這個地產案不能給未來每個住戶更好、更幸福的空間，我就不會接這個案子。一

方面我沒有感情可以寫出好文案，另一方面將來住在這裡的人不快樂，沒有地方交流於是大家就越來越冷漠，沒有四季的變化讓人們想要慶祝，那麼這個社區等於就是死了，這部分地產建商要負責任。

「精工禪」是一本書的規模，涵蓋了地、水、光、空四大篇章。在最後一篇章「空」代表禪意，也代表著生活方式，我就選「空」來做地產文案的示範。

空

懂得割捨，懂得留白，懂得放下，
13.8米採光內庭，懂得空的最高禪意

當我們在寫地產文案時，一方面要很快地提煉出形而上的哲學意念，但又可以落實到人的生活面。第二是要用創意把缺點轉變成優點，例如「上善若水」受限於當時建築法規，別墅內部從地到天頂的空間必須挑空 13.8 米，在一般的建築案裡，會把「不能使用的空間」視為缺點，可是換個角度來看挑空中庭反而是很棒的留白，光可以透過上面屋頂的玻璃，照射進整棟空間，甚至還可以做一個水瀑，投影畫面就變成了水的螢幕，我把它取名為「光之內庭」。

光之內庭・水之螢幕

建築師Steven Holl在福岡香椎，以許多空的空間，組合出有變化，有穿透性的延伸端景；半戶外的中界空間，人與自然景色可以隨時自由地交流。他設計出一個精采的光之

內庭，讓天水成為所有人注目的螢幕，水借光反射波影照入建築內部，多種生活視點在此匯集，一如他在千葉縣幕張十一番街的集合住宅，有反陽之家、幻彩之家、水映之家、青影之家、落柿之家、無空之家。

反陽是指反射陽光，幻彩是指炫幻的光彩，水映之家是代表透過水來映照天空的家。還有一個叫青影之家：青澀的、綠色的光影所覆蓋的家空間，落柿之家就是柿子會掉入他們家裡。無空之家，心寬意境更寬……他幫每個家都定了好美的名字。

各位若有機會去看紫禁城或者是嶽麓書院，每個建築的對聯也很有詩意，如果你去這些地方可以拍下來，看看古人是怎麼用詩詞來描述空間、以及與外景互應的那種美感，這將是你的文化靈感庫裡很重要的寶藏。

一個光之內庭，就讓每戶人家有各自的詩意氣候，Steven Holl可謂是建築詩人。

同樣在福岡香椎，另外一個建築師Rem Koolhaas Block則設計一種空的內閉空間，私藏著風格庭院，有波浪形屋頂，可窺天望景——虛實對話，動靜之張力，猶如紙張的拉扯，形成一種隱喻的平衡，自體完成建築本質的自證。

空間關係可自由涵構調整，所以形成了多樣的創意生活模式。安藤忠雄在大阪心齋橋GalleriaAkka，以清水模的低限度美學，把內部挑空成天井，將有限的空間，透過多角度的視點，延伸成無限寬廣的意境；將素淨無華的住宅，與自然

通氣無礙，形成一種「內聚型中介空間」，天井與各個居住空間深奧的對話與回應，像是建築永恆不變的開示，一種無法捕捉的空禪意，一種不可說的精神美。

有天窗，形成有趣的四合院空間建築師創造了天、地、光、風、水，創造一切，還創造了「空」，這個最高禪意的生活哲學。「空」是最高段的建築手法，留龍脈的氣與風在此對流，運轉家與天地相連的好風水，於是在家上方開一扇天窗，挑高13.8米採光內庭，可望天望星，收納風雨彩虹光影，成為自家的私藏風景。

「上善若水」中間的光之內庭，形成立體的四合院空間。——如果我們寫的是「開窗可以看到風、雨、太陽、彩虹」那就沒有意思了，正因為我們有天窗，所以這些大自然的景色變成可以私藏的家風景，瞬間就幫這個房子加上了無價的美學！

每個房間隔著落地玻璃，互成了有趣的四合院。這樣的採光內庭置於居家空間之中，家人的距離可以隔著落地窗景觀互相關照，以表情隔空示意，形成了這個家有向心力的凝聚場，卻又不會互相打擾，像是住在城堡中，可以從這個房間隔著花園望向對面的房間，生活多了窺望的焦點劇情，這就是日本知名建築師安藤忠雄「內聚型中介空間」的理想。

當這空間建好後，中間挑空，每個房間可以彼此對望，家人們可以產生怎樣有趣的互動？所謂的地產文案，必須讓自己的想像力先活在這個空間裡，先幫大家擁有創意的、有詩意的方式生活，然後再寫成文案，這就是地產文案的一個有趣的地方。

至於內部挑空空間，本來是缺點，如何將它變成特點呢？我必須要幫這空間想各式各樣有趣的使用方式，所以我把它定義成佛堂、禮拜堂、家藏館、植物館、蝴蝶館、音樂廳、博物館、美術館、水瀑投影銀幕……就看你想像力有多少，這個空間就能變成各式各樣的家博物館。

把禮拜堂或佛堂崁在中心的創意家藏館

挑高四層樓的天井有天窗，向光向藍向日月星辰，形成了另一種次元空間，一種容許創意與個性的異境，像是一個與夢想平行的宇宙系。

天井可以引陽光、彩虹、風、露、雨水進屋，成為家中變幻無窮的自然光影風景——這是一個有氣候、有脾氣的居住城堡，讓人可以依四季節氣而生，這是人在自然之中，最大的舒服尺度。

稀有挑高13.8米天窗內庭，在採光天庭裡可以擺設成自然庭院、生活禪庭、私人動物園，設置一個私家禮拜堂或者是挑高禪修佛堂，收納風景、信仰，或是陳列個人收藏品，擺成一座自家博物館。

如果狂野一點，也可以將這天井裝置成每天挑戰攀岩的高牆，或是挑高視聽Lounge Bar，或是蝴蝶生態館，或是看星雲與流星的私家天文台，或是獨唱歌劇的音樂舞台……於是，這個畫龍點睛般的天井，讓理智的建物，設下感性的留

白，就像是房子的潛意識，讓住在裡面的人有著空性冥想空間，心之四方，皆有美，皆有所愛。

這個挑高空間本來是不能住人的，經過我各式各樣想像力的逆轉後，就變成了有趣的、流動的活動風景。如果你家有這樣的生活舞台，就有一種穿越在平行世界好玩的感覺。

「精工禪」依照我腦袋裡的畫面，逐字逐句把它寫下來，寫得很有詩意，客戶也非常喜歡。所以要做為一個地產文案，最重要的是先愛上這個房子，愛上這個空間，然後把自己當成是蓋這棟建築的人，也是住在這個空間的主人，把深厚的感情放進去，就可以寫出一篇好的地產文案。

課後練習

寫出有格局、有溫度的商用文案心法

❶ 將商品概念拉到最大。

❷ 寫地產文案時，一方面要很快地提煉出形而上層次的哲學意念，但又可以落實到人的生活面。第二是要用創意把缺點轉變成優點。

❸ 文案就是腳本，你把視野畫成一格一格的故事景窗，整個商場就活起來了。

練習題

■ 觀察喜歡咖啡的人，與喜歡喝茶的人有什麼不同？他喜歡喝什麼樣的咖啡？他在喝咖啡同時在做什麼、聊什麼？

■ 平時你可以「愛」為主題，為店家、商場、商品、空間、餐廳、書店或是服務來練習寫文案，並根據你為它塑造的靈魂核心，為每個地方、每個設施、每個獨特服務特別命名。

■ 假設你有一個自創的服裝品牌，你想怎麼定位它？它的風格是根源於你什麼樣的個性？

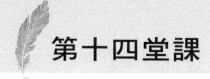

第十四堂課

評估、溝通、提案三大技巧

文案的自我評估

終於到了第四階段的最後一堂課，讓我們來談談寫完文案之後的工作：如何自我評估、修改，與設計師怎麼溝通，如何向客戶提案等等。

我最早進入廣告公司寫文案的時候，因為是全公司最年輕的菜鳥，完全沒有任何工作經驗，當時大家都很忙，沒有人有空教我怎麼寫文案，自己一下子要瞬間獨立接案，所以那時候得非常努力，我得一邊看、一邊學，自己先用盡所有的腦汁，去想至少 3 到 5 個不同的概念，然後就這些概念各自寫一篇文案，自己再看哪個寫得順手——寫得順手是很重要的，如果你寫了一篇文案，自己都覺得卡卡的不流暢，也沒有什麼激情，那基本上這就已經是失敗的文案了。

所以在試不同的主題、概念、寫法，都是在找那個最順暢的那個版本，一旦你寫得很順，甚至於透過這個文字之流，寫出你都沒想過的狀態與境界時，就已經成功一半了。在做文案早期，每當我寫了好幾個版本的文案之後，休息一下，喝杯咖啡，跟人家聊聊天都可以，等一會再回來看這篇文案有沒有要修改的？最好能睡個覺，第二天一早起來從客戶的角度、消費者的角度看究竟哪個版本更好，但如果不滿意的就會重寫，就如同文案 Mike 說：「最有效的方法就是隔夜檢驗，本來看起來很棒的文案，常常在晚上 6 點和第二天早上 9 點之間，變得很無聊。」這種自我檢驗文案的方式是很重要的，否則很可能耽溺在裡面，看不出盲點。

　　文案 David 說：「我寫完文案時會念給別人聽，然後聽聽看哪些地方不順暢，有沒有什麼要修改的。」這啟發我另一種評估文案的方法「白癡天才檢驗法」：把文案念給廣告領域的專家以及念給這個領域的白癡，讓一個專業廣告人聽聽看他對你的文案有沒有感覺，因為他待在廣告圈的時間久，已經看過國內外無數的作品，他一聽就知道這切入點有沒有人寫過，有沒有寫得比你更好，如果他發現這篇很有創意、很獨特，以前都沒有人這樣說過，那麼這篇文案就很值得被留下來。什麼叫「白癡定律」？就是把文案念給完全不懂廣告、但他是此商品服務空間的目標消費者聽，他既不懂廣告，更不知道同類型的廣告寫些什麼，但如果他能夠感動，他甚至問你這地方在哪？那東西在哪買得到？就代表你的文案已經成功一半了。如果可

以的話，多念給幾位聽，去聆聽各式各樣的意見。還有一個文案自我檢查的方法，就是把自己當成廣告客戶本人，從他的角度來看、來聽這篇文案，你會有什麼樣的看法意見。此外，如果你在廣告公司，請念給業務銷售人員聽，看看他有什麼樣的感覺與反應。

常常有人問我，他寫的文案很好，但是客戶不喜歡怎麼辦？我說那就重寫啊，因為客戶是這個商品的創辦人跟擁有者，如果他都不喜歡，那你還要寫給誰看？當我們在寫文案時，最大的把關者就是自己，文案不是交差就算了，因為廣告是普羅大眾的，好的文案應該是客戶、你、消費者、看到這篇文案的人、使用過這個商品的人、甚至是競爭品牌的愛用者都喜歡。

文案大師 Steve 說：「如果你想要成為收入優渥的文案，取悅客戶；如果你想要成為很會得獎的文案，取悅自己；但如果你想要成為偉大的文案，那就要取悅讀者。」我個人的認為是，你要寫一個既能夠取悅客戶，能夠取悅自己，還能夠取悅讀者的文案，因為這三個圓圈的交集，那就是文案聚焦以及落筆的地方。

Steve 還說過：「文案是這個世界上，唯一能夠讓你過著藝術家的生活，卻能夠拿著外匯操作員薪水的工作」，這也是我覺得廣告文案這個工作很迷人的地方，過著很藝術家般的生活，因為沒有藝術就沒有靈感創意來源，而且不需要固定打卡或是公務員那樣的單調生活。如果你可以把文案寫得很好，依

我的經驗是：一開始入行的文案薪水真的很低，工作時間很長，可能一篇要花一兩天的時間去琢磨思考，嘗試各種各樣的寫法，一篇文案才幾千元台幣，但只要寫超過二、三十年，腦袋建構多維度的思考途徑，一接到題目就能思考各種各樣的版本，可以在很短時間之內判斷選哪一個版本來寫是最好的，從構思到完成真的不用一個小時；也正因為自己經驗已經很多了，可以寫得又快又好，既有深度，格局也夠高、夠大，所以向客戶提案通常就一次 OK，幾乎沒有什麼修改——當文案越寫越熟練，你打的底越來越深厚時，情勢就會完全逆轉：寫文案的時間越來越短，但收益卻越來越高。

與設計人員的溝通

還有一個很重要的部分，就是怎麼跟視覺設計人員溝通。做為一個文案，視覺想像力是特別重要的，靈感在形成文案之前，它其實是一幕幕影像，整篇文案就是一整個故事情節場景，你能不能在腦海裡看到這些生動立體的畫面，然後把畫面轉譯成文案？此外，把自己當成設計者，多看視覺相關書籍，盡可能多接觸藝術、美學，並有畫出視覺草圖的能力，有這樣的基礎後，就很容易與設計人員溝無礙，你們倆甚至會是很好的朋友。

向廣告客戶提案

　　現在講最重要的部分，就是如何向廣告客戶提案。每次開會時，你要觀察客戶的個性、語言模式、喜歡什麼、討厭什麼，來推論他可能會喜歡什麼樣風格的文案以及主題。等你寫完文案後置身於客戶之內，彷彿你就是他，從他的角度來看他會在意文案的哪些重點。

　　有一次我要向一個大型企業提廣告文案，那是我遇過最麻煩的一次，因為有三個老闆在開會現場，分別是這個企業的創辦人：爺爺，還有一個是現在企業的主事者：爸爸，他旁邊還坐了大約 20 歲左右，也就是未來的接班人：兒子，很清楚看到這三個人完全不是同個調子：爺爺比較保守傳統，爸爸符合現在的主流，兒子很年輕人那一派的，反傳統、很革命性的思考——當我寫完一篇文案，我該怎麼跟這三個人同時溝通呢？因為這三個人的意見很不一樣。

　　當我在提案的時候，我在想：如果我是爺爺，是這個品牌的創辦人，我會在乎文案裡應該要有什麼或是不能有什麼；如果我是這個品牌的主事者：爸爸，我會希望這篇文案能讓這個品牌多了什麼或是避免什麼；如果我是那個兒子，我想要改變什麼，才能讓這個品牌更有年輕的氣息？

　　當我分別從三個角度去思考，三個圓的交集處就是我溝通的聚焦點：我提案的時候，先針對爺爺講出這個品牌的核心精神，這是自創辦以來不能被動搖的部分，接著我再提到爸爸在

意的、現在這個品牌的SWOT（優劣分析），以及如何透過文案來補強並同時宣傳要傳遞的概念。最後我用很年輕人的語言說明這篇文案還多了什麼新的主題概念與寫法，能夠吸引二十幾歲年輕的消費者進來——我先就這三位在意的部分說明了我構思的觀點，表示我有站在他們的立場去思考，之後我才開始提文案。那一次提案非常順利，三個人都沒有意見，他們公司的主管說從來沒有一次開會是三個人同時說OK的，因為他們總是吵來吵去。

你不能把自己只當成文案而已，你要把自己當成客戶，當成是創辦人兼負責人，全權照顧這個品牌，全方位地看這個商品、空間、服務有沒有什麼需要改進的地方？它的命名、包裝、行銷策略有沒有傳達這個商品的最大特色？如果沒有，你有義務要給客戶改進的意見，等他們改進後才為他們寫文案——當你這樣做的時候，客戶會很信任你，因為你比他還在乎他的品牌，因為如果沒有好的商品，再好的文案都是罪惡。

但如果你現在寫的是自己的品牌，你在完成廣告文案後就要跳出這個角色，把這個標題用想像的方式放進入口網站，換位思考消費者如何能從一堆資訊中一眼被你的一句話、或者是一個畫面吸引而付諸於行動；或是虛擬貼進網路平台眾多資訊裡，然後傳給你身邊的朋友或是目標消費者，看看對方是不是能在這麼多的資訊裡一眼看到你的標題，如果不是，那就重寫吧！因為如果在這麼龐大的資訊海裡一眼看不到你的標題，那這個廣告文宣基本上是白做的，因為別人根本看不到。

身為一個文案的社會使命

　　現在幾乎每個人都有自己的社交平台，你在上面所推薦的地方、美食或是分享你的生命經驗，都是需要文字的，如果你有辦法運用很好的文字描述能力配上精采圖文，把你認為美好的東西傳播開來，這些內容就會形成很大的影響傳播力，這個社會只會越來越好，同時也對品質不好但擁有強大廣告資源的商品、店家，形成一種必須要改進的壓力，我稱為這就是文案「良幣驅逐劣幣」的社會使命，這也是身為文案最棒的地方，肩負了隱性改善與改變社會世界的力量。

如何完成自己的文案作品集

　　如果你目前已經是一個廣告文案，記得隨手把作品累積起來，到一定的量之後可以出版文案作品集。倘若你目前還不是廣告文案，但平日已經累積許多練習的文案，你可以先把這些作品分類編整一下，這就是你完整的文案作品集。接下來為自己的文案作品集命名，並為每個篇章下標題，這本文案作品集可以在你的社交平台上發表，也可以去找出版社，或是把它做為你的履歷投放到你想要去的企業，從此文案這個身分，將帶你往更多元豐富的人生版圖去冒險！

課後練習

■ 用第三者角度檢視文案的「白癡天才檢驗法」

■ 把文案念給完全不懂廣告、但他是此商品服務空間的
目標消費者聽。他既不懂廣告,更不知道同類型的廣
告寫些什麼,但如果他能夠感動,他甚至問你這地方
在哪?那東西在哪買得到?就代表你的文案已經成功
一半了。

■ 練習題

■ 把自己當成廣告客戶本人,從他的角度來看這篇文案,
你會有什麼樣的看法和意見?全方位地看這個商品、
空間、服務有沒有什麼需要改進的地方?它的命名、
包裝、行銷策略有沒有傳達這個商品的最大特色?